防灾避险丛书

火山

赵鹏飞 李吉奎 编著

南京出版传媒集团
南京出版社

图书在版编目（CIP）数据

火山 / 赵鹏飞，李吉奎编著. — 南京：南京出版社，2016.5
（防灾避险丛书）
ISBN 978-7-5533-1117-3

Ⅰ. ①火… Ⅱ. ①赵… ②李… Ⅲ. ①火山喷发－灾害防治－青少年读物②火山喷发－自救互救－青少年读物 Ⅳ. ①P317.3-49

中国版本图书馆 CIP 数据核字（2015）第 266267 号

丛 书 名：防灾避险丛书
书　　名：火山
作　　者：赵鹏飞　李吉奎
出版发行：南京出版传媒集团
　　　　　南 京 出 版 社
社　　址：南京市太平门街 53 号　　邮　　编：210016
网　　址：http://www.njcbs.cn　　电子信箱：njcbs1988@163.com
天猫 1 店：https://njcbcmjtts.tmall.com
天猫 2 店：https://nanjingchubanshets.tmall.com
联系电话：025-83283893、83283864（营销）　025-83112257（编务）

出 版 人：朱同芳
出 品 人：卢海鸣
责任编辑：谢　微
装帧设计：睿通文化
责任印制：杨福彬

印　　刷：唐山新苑印务有限公司
开　　本：787 毫米 ×1092 毫米　1/16
印　　张：10
字　　数：150 千字
版　　次：2016 年 5 月第 1 版
印　　次：2018 年 9 月第 3 次印刷
书　　号：ISBN 978-7-5533-1117-3
定　　价：29.80 元

天猫 1 店　　天猫 2 店

营销分类：科普　防灾

前言

提起火山喷发，常常令人毛骨悚然、不寒而栗，使我们不由自主地就会想起火山爆发为人类带来的巨大而又可怕的灾难。

火山爆发是一种很严重的自然灾害，往往在短时间内从火山口向四周抛射出大量的火山灰、火山渣、岩块、岩浆等。它们具有炽热、高速等特点，可以摧毁和掩埋火山附近的居民点，造成生命财产的损失。

从公元1000年以来，全球已有几十万人直接或间接死于火山喷发。20世纪80年代是自1902以来火山灾害最严重的时期，这一时期因火山喷发而死亡的人数相当于过去70年的总和。

目前全球近1／10的人口生活在有潜在喷发危险的火山阴影之下，而世界上大部分最危险的火山都处于人口稠密的发展中国家。火山喷发的危险性和减轻火山灾害的迫切性与重要性已引起世界各国的关注。

本书系统地介绍了火山的概况、分布、类型、奇观以及它所带来的灾害等，同时，也阐述了它与人类的密切关系，是青少年了解火山的最佳读物。

目录 CONTENTS

第一章

什么是火山

火山是常见的地质现象。地壳之下100~150千米处，有一个“液态区”，区内存在着高温、高压下含气体挥发成分的熔融状硅酸盐物质，即岩浆。它一旦从地壳薄弱的地段冲出地表，就形成了火山。火山是炽热地心的窗口，也是地球上最具爆发性的力量，爆发时能喷出多种物质。

火山口湖

1.火山是山着火了吗

我们常常从电视上、报纸上或者网络上看见有关火山喷发的报道，面对喷涌而出的炽热岩浆，每个人都会被大自然的力量所震撼！你知道什么是火山吗？

从名称上看，火山似乎是着火的山。其实不然，在西方语言中，火山最初叫作“武耳卡”，包含有“山在燃烧”的意思。武耳卡是罗马神话中的锻造之神。据传，古代的欧洲人看到意大利东南地中海里的利帕里群岛上不时地喷火冒烟，以为这里的山是火神在地下冶炼作坊里的大烟囱，地震和火山爆发就是武耳卡在地下作坊的敲击所致。于是便把这个小岛命名为“武耳卡诺”，后来人们虽然知道这种现象究竟是怎么回事了，但仍把这座火山称为武耳卡诺火山，并习惯把这个名字作为地质学中的火山通称；“火山”一词在英文中写成“volcano”，意思是“地壳上的一个开口”。地质学概念传到中国被译成中文时，使用了原有的“火山”一词。

火山喷烟吐火不是山在燃烧，而是一种炽热的岩浆从地下涌出来所形成的现象。岩浆里包含着许多气体和水分，当它冲出地面的时候，气体和水蒸气大量分离出来，冲上高空，剩下来的液态物质熔岩，温度常在1 000℃以上，像火一样红。它好像沸腾的铁水，夜间还能映红天空。就这样，每当火山喷发之时，我们就看到了熊熊的火光腾空而起。

火山是由地下喷出的碎屑和熔岩堆积形成的一座中央高、四周低的锥形山峰。这是最具有火山特征的火山。日本富士山就是这样一座火山。

当然，并不是所有的火山都有锥形山峰。当岩浆沿着地壳中长长的裂缝溢出时，留下的只是熔岩构成的又宽又平的高地，自然看不见山了。当火山在海底喷发，我们就更看不见山了。

通俗地说，火山就是处于不断的变化中的地壳内部喷出的岩浆和碎屑物质堆积成的山体。人们最常见、最熟悉的火山是锥形火山。它内部的岩浆沿喷气孔流出并凝固成岩石，在火山口顶端留下一圆锥形。当火山再次喷发，第二层火山灰和熔岩沉积在第一层的顶部，如此地一层层堆积起来，火山就这样长大了。

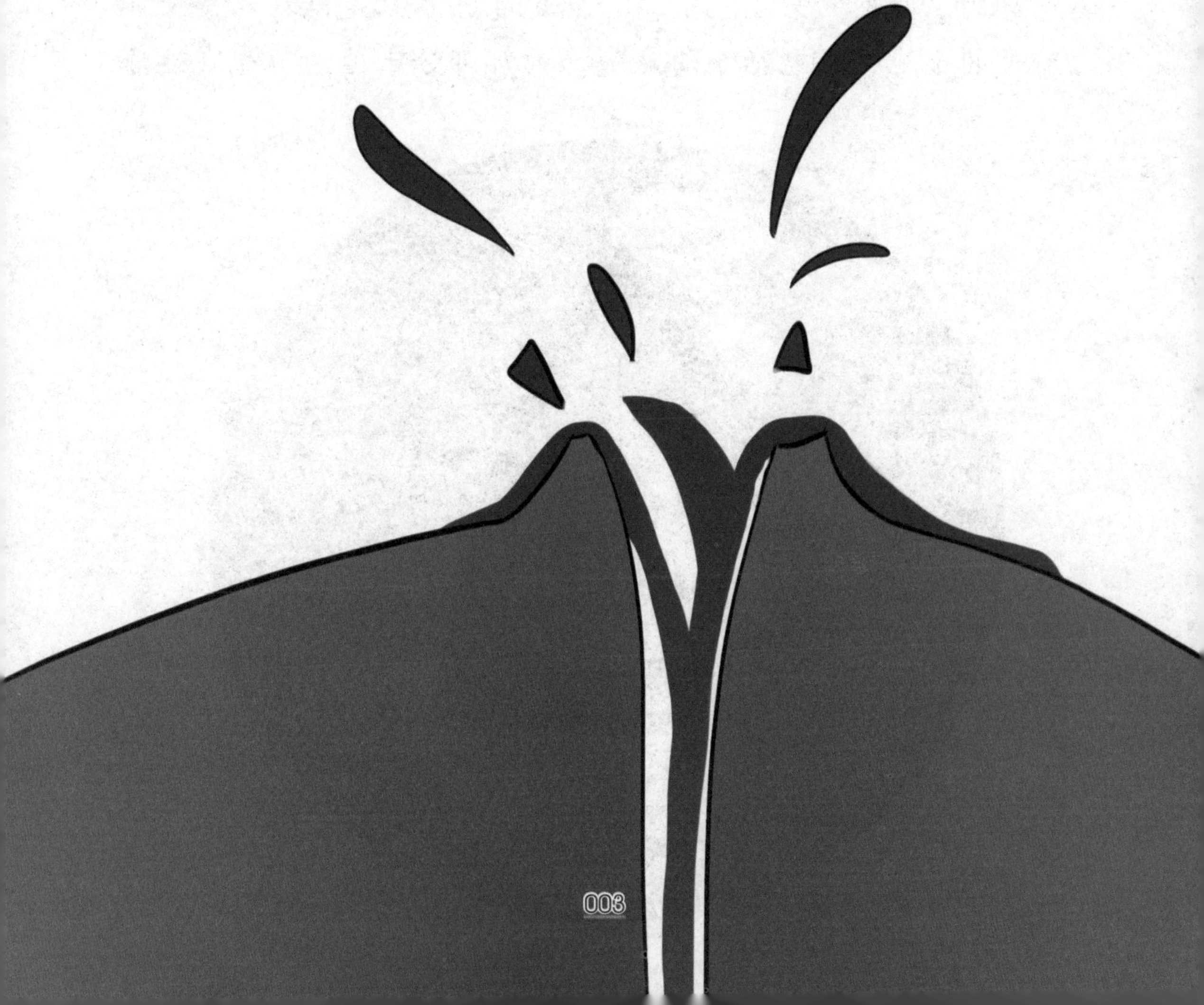

2.火山是怎么形成的

要了解火山形成的原因，我们还得从地球的构造及其运动说起。大家都知道地球是圆形的，但是大家是否知道地球的内部构造呢？

在日常生活中，我们都吃过很多带核的水果，它们有皮、肉、核。地球内部的结构与这些有核的水果类似。科学家根据化学成分的不同，把地球分为三层——地壳、地幔、地核。

地球最外层，也就是我们脚下踩着的土地称为地壳，由厚厚的、坚硬的岩层构成。当然地壳并不只是包括人类所能看见的土地，还包括了海底海床的那部分土地。地壳在地球

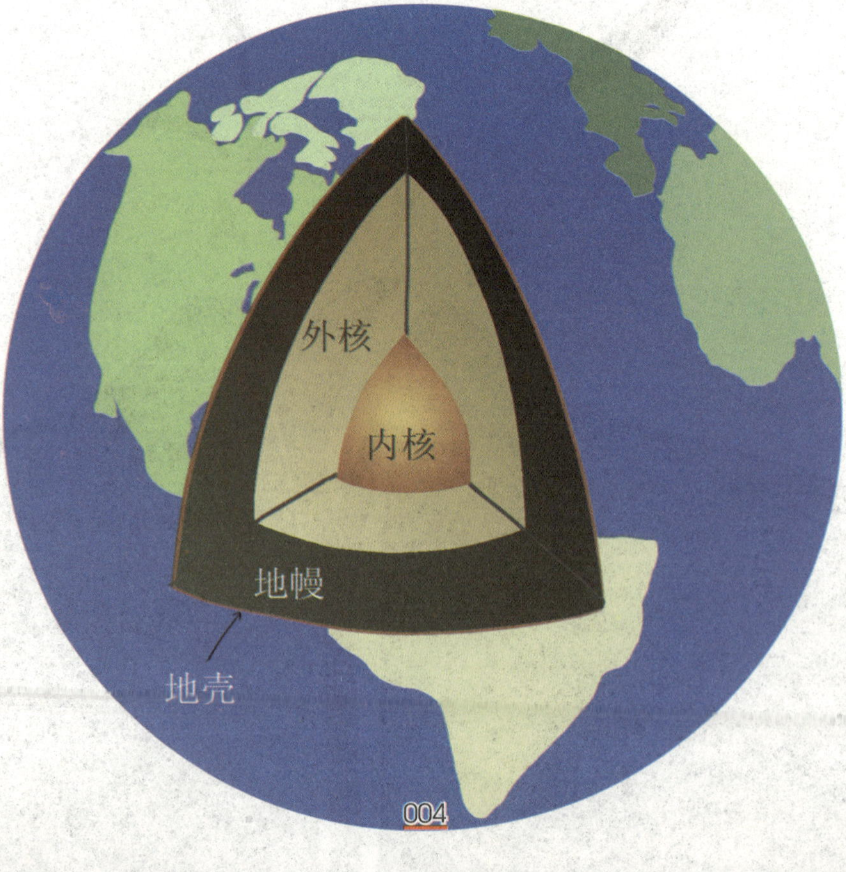

上分布的厚度是不均匀的，大陆部分的地壳厚度一般在32千米左右，而海底部分的地壳厚度通常只有5~8千米。在地球内部，中间的比较柔软、致密的一层被称为地幔，地壳就漂浮在地幔之上。这里存在着高温、高压下含气体挥发成分的熔融状硅酸盐物质，即岩浆。地核就是地球的中心。它们被地幔“包裹”着，包括液态的金属外地核和固态的金属内地核。

从表面上看，地球好像是静止不动的，实际上，在地壳下面，地球内部是在不停地运动着的。其中，岩浆的温度非常高，靠近中心的地方温度高达4 000℃。它就像炼钢的铁水一样可以流动。岩浆的温度不断升高，岩浆中的气体就会随之析出，内部压力则会不断增大，活动不断加强，当气体压力达到一定极限以后，岩浆便从地壳比较薄弱和地壳中有裂缝的地方冲出地表，就形成了火山。

我们通常所说的火山一般都是已经诞生了的。但并不是说世界上永远只有这些火山。地球内部依然在不断地运动着，随着时间的流逝，还有可能诞生新的火山。

1943年，在墨西哥，人们就曾目睹了一个新火山的诞生。那年的2月5日，位于墨西哥首都墨西哥城约320千米远的帕里库廷村，突然大地震动，紧接着地底下发出了“轰隆隆”的响声。之后震动不断发生，虽然不是十分强烈，但有逐渐加强的趋势。当时，有一个叫普里多的农民正在自家地里干活。他突然发现地里有一个不断冒烟的小洞。起初，他还以为是枯叶着火所致，便用铁锹铲了些土盖在洞口。然而于事无补，烟还在不断向外冒。

2月20日下午4点左右，普里多正在地里休息，大地突然又震动起来，地底下再次发出轰隆隆的声音。原先冒烟的地方骤然裂开了一条5~6厘米的裂口，而且越来越长，大量的浓烟从裂口喷涌而出，还嘶嘶作响，带有难闻的硫黄气味。不多一会儿，裂口附近的树木燃烧起来。这时喷烟的小洞已扩展到直径2米左右。洞里像沸腾了一样，沙子不断翻滚着。除烟外，还有许多灰沙和石块从洞中喷出。

第二天早上8点，普里多再次来到地里，只见地上铺满大大小小的石块和灰沙，喷口周围已形成高约10米的小丘。一个星期后，小丘高达100余米。接着，在小丘的北边出现一条裂缝，炽热的岩浆从裂缝中源源不断地涌出，它像一条火龙一直流出两千米外才逐渐凝固成岩石。

后来，这个小山还在不断升高，便形成了今天我们能看到的帕里库廷火山。

3.火山都有哪些器官

火山像我们人一样有嘴、喉管、脖子等。典型的火山是由火山锥、火山口、火山喉管、火山颈和岩穹构成的。

火山锥

火山锥，是火山喷出物在喷出口周围堆积而形成的山丘。其外形呈圆锥形，由层层的火山碎屑组成。上部坡度较陡，下部坡度和缓，锥顶端有一个火山口。

火山锥具有多种形态和构造，这是由于喷出物的性质、多少和喷发方式上的差异所造成的。以组成物质划分，有火山碎屑物构成的火山渣锥、熔岩构成的熔岩锥（熔岩丘）、碎屑物与熔岩混合构成的混合锥等。

由于火山多次喷发，火山锥的内部形成由火山碎屑或由碎屑和熔岩组成的层状构造。有些火山锥上坡发育了一些小火山锥，其通道与主火山锥的通道相连，没有独立的岩浆源，这种小型火山锥叫作寄生锥。意大利西西里岛上的埃特纳火山有数百座寄生火山锥。

圆锥状的火山锥是标准的火山锥形状，当然也有无火山锥的火山。只有地平火山口而没有火山锥的火山，多因水蒸气爆炸而成。喷发中只有少量火山碎屑在火山口周围堆积，形不成火山锥。

火山口

火山口，就是火山喷发时的出口，是指火山喷出物向外喷出时，在喷出口周围堆积，在地面上形成的环形坑。火山口常呈漏斗状或碗状，上大下小，一般位于火山锥顶端（无锥火山口则位于地面，称负火山口）。火山口的深浅不等，一般不超过300米，直径一般约在1 000米以内；底部直径短，一般仅大于下面的火山管。火山口是一个圆圆的洼地，形状如碗，它在希腊文中的意思就是“碗”。不过用漏斗来形容它也许更合适一些。这个“漏斗”有一个长长的通道和地下岩浆相连，当火山喷发的时候，岩浆便从这里喷射出来。

一般来说，火山口并不是一开始就是今天的样子。我们前面说到的人类亲眼看见其诞生的墨西哥帕里库廷火山刚刚开始活动的时候，当时那里也没有“山”，只是一片平坦的庄稼地。后来，随着喷发的碎屑物和熔岩不断在喷火口的周围堆积起来，越堆越高，才成为锥形的山峰，达到了现在几

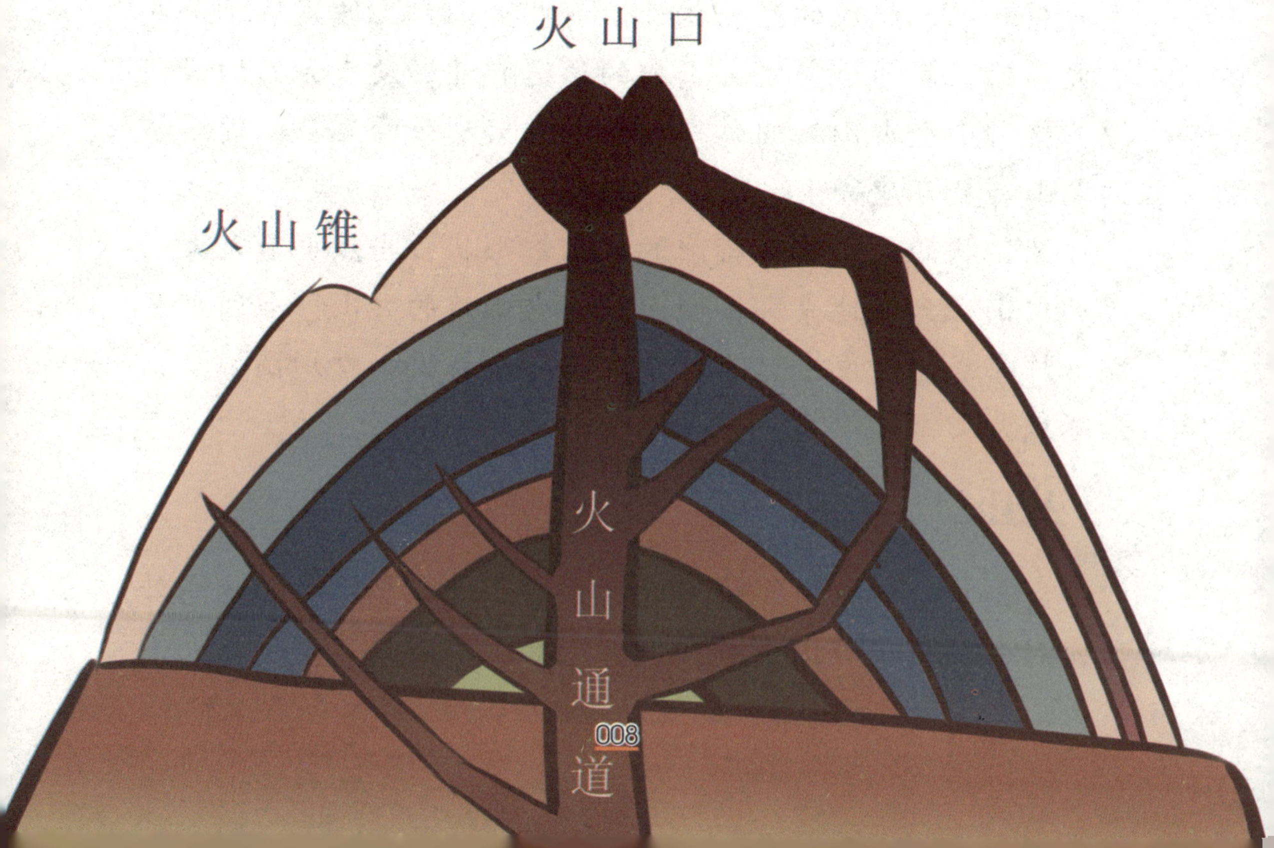

百米的高度，而火山口也高高地位于山的顶端了。然而，火山并非经常活动，它所能堆积的高度也是有限的。在它暂时停止活动以后，火山口还会因雨水冲刷等作用而被破坏。地下的岩浆如果冷凝，体积会发生收缩，更会使上面的岩层因下面空虚而产生裂缝，这时，火山口四周将沿裂缝塌陷，并且扩展得越来越大。

有的火山再一次喷发时，因为地下的岩浆黏滞，在能量蓄积到很大时才以爆炸的形式冲出来，这时往往会把原来的火山锥炸掉一大块，甚至全部炸掉，仅在平地上留下一个大坑，许多时候就在这坑中或坑的边缘再次喷发，形成新的火山锥和火山口。

位于平地上的火山口也并不全由再一次爆发造成，有些火山开始喷发不久就停止活动，没有堆成锥形的山，火山口看起来不过是平地上的坑，这些坑由于常年积水而最终变成火山口湖。

不仅位于平地的火山口可以积水成湖，位于山顶的火山口也能积水成湖。长白山主峰白头山上的天池，就是这样形成的。它是靠雨雪维

持湖中有水。还有些火山口湖中含有从岩浆中分离出来的矿物质，因此呈现出多种颜色。印度尼西亚的佛洛里斯岛克里莫托火山顶上，有3个水色不同的湖，它们都是火山的喷出口， 现在虽然火山没有爆发，但其中两个湖底下的喷气孔还在喷出火山气体，一个喷出的物质中含硫较多，使湖水呈现绿色；一个含铁多，湖水便成了红褐色；另一个是清水，表现为蓝色。

有些火山口湖看起来比较宁静，却潜伏着危机。喀麦隆高原上的尼尔斯湖就是这样的一个火山口湖。它的湖水清澈，表面上看起来与高原上其他湖泊无异。但是，1986年8月21日夜晚，火山口湖中发出闷雷般的声音，同时升起了一股巨大的气柱，并向低处的山谷聚集，雾气很快就笼罩了山谷里的村庄。原来这是长期聚集在湖水底下，以二氧化硫为主能置人于死地的有毒气体，现在翻涌到湖面上来了，持续喷发了一个多小时，估计总量约有7亿立方米。在毒气弥漫的地方，许多还在熟睡的人们，糊里糊涂地就不再苏醒了；清醒一点的，如走不出这雾气的笼罩，也难逃活命。一个晚上，约2 000人丧生，死去的牲畜更多，连苍蝇也被消灭了。造成灾难的根源，显然就是这座火山喷发出的气体。这些火山气体，早已开始从地下释出，湖水掩盖了暗藏的危险，等这些毒气翻涌上来后，造成了这场悲剧。事后湖水变成了红色，这是沉淀在湖底的含铁物质翻滚上来的结果。

不少火山在强烈的爆发过后，喷气的活动能维持好久。喷出的气体中含有大量的水汽，还含有气态的盐酸、亚硫酸、氟酸等酸类，以及气态的硫黄、硫化砷等物质。这些物质有的具有强烈的腐蚀性，有的具有剧毒。因此到这种火山口里去，如不做好准备，也是很危险的。1993年1月14日，一批在哥伦比亚南部城市帕斯托参加火山学术讨论会的科学家，登上附近海拔4 276米的加勒拉斯火山，并下到火山口侧边采集样品。然而，正在这时，从火山口突然喷起一股烟柱，有6位科学家当场死亡，8人受伤。这次事件成为火山考察史上遇难人数最多的一次。根据火山喷发史料记载，该火山在上一次爆发后，已休眠了3年多。

火山喉管

火山喉管就像人的喉管一样，是岩浆从岩浆库穿过地下岩层经火山口或溢出口流出地面的通道。

火山喉管的形状与火山喷发的类型有关。中心式喷发的通道具有一个主要的通道，铅直方向，呈圆筒状，也称为火山筒或火山管。裂缝式喷发型的通道常常呈长条状或不规则形状。

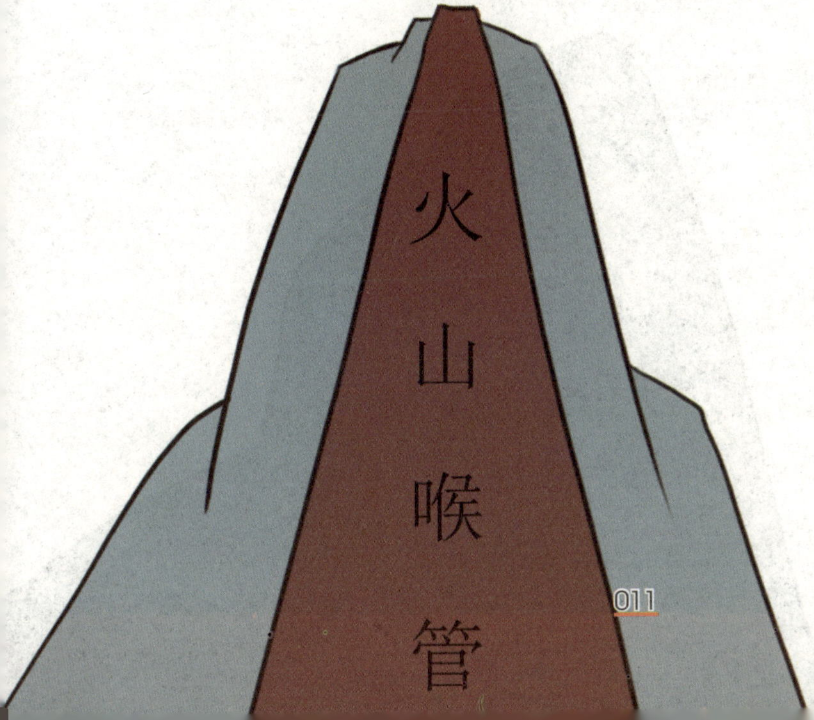

火山喷出的大量物质就是经过这些通道运移至火山口而溢出地面的。同时和这个主要通道相连的还有许多个无固定形状的分支通道通向地面。

火山颈

火山颈是火山喷发停止后被岩浆冷凝物充塞的火山通道。它是一种孤立的、塔状、近于环形的小丘或山脉，由死火山管道中坚固的岩石组成，是整个火山大部分被破坏之后，幸存的剥蚀残余部分。

火山颈由熔岩或凝固得相当结实的火山碎屑组成，通常可高达450米左右，直径通常小于1千米。一个大火山颈（一个主火山残余部分）四周常有较小的火山颈，这些小火山颈来自于火山的寄生锥。

火山颈坡度陡峭，难于攀越，所以一度是建筑城堡的有利地点。苏格兰爱丁堡城堡的防御土墙就建在火山颈顶上。

火山穹丘

火山和人一样有着自己的胎记，火山的胎记就是火山穹丘，又称岩穹，是岩浆在通道口冷凝后形成的圆丘。

一座山是火山还是日常所见的普通意义上的山，从它们的构造就可以分辨出来。火山穹丘常见于火山口内或火山的侧翼，是一种圆顶状的突起，看起来类似某些植物的球根。火山穹丘是由高黏度的熔岩形成的，由于其黏度太高，不能从火山口流走，在火山口上及其附近冷却凝结。

火山穹丘会生长，这是由于地底岩浆库的空间不足以容纳所有岩浆，部分岩浆挤入穹丘下方所致。如果成长中的穹丘位于陡峭的山坡上，有可能因重心不稳定，导致山崩或火山碎屑流。

4.火山是怎么分类的

火山的种类繁多，根据不同的分类方法可以划分出不同的种类。

根据火山活动的状况分类

根据火山活动的状况，火山可分为活火山、休眠火山和死火山三种类型。

（1）活火山

活火山是指现在尚在活动或周期性喷发的火山。如南美洲的图彭家托火山、夏威夷的冒纳罗亚火山以及我国新疆的卡尔达西火山、黑龙江省的五大连池火山等。

目前全球的活火山数量很多，近400年来，爆发的活火山就有500多座，这类火山正处于活动的旺盛时期。比如爪哇岛上的梅拉皮火山，20世纪以来，平均每间隔两年就要持续喷发一次。活火山对人类具有极大的危害性，是人类研究最多的一种火山。

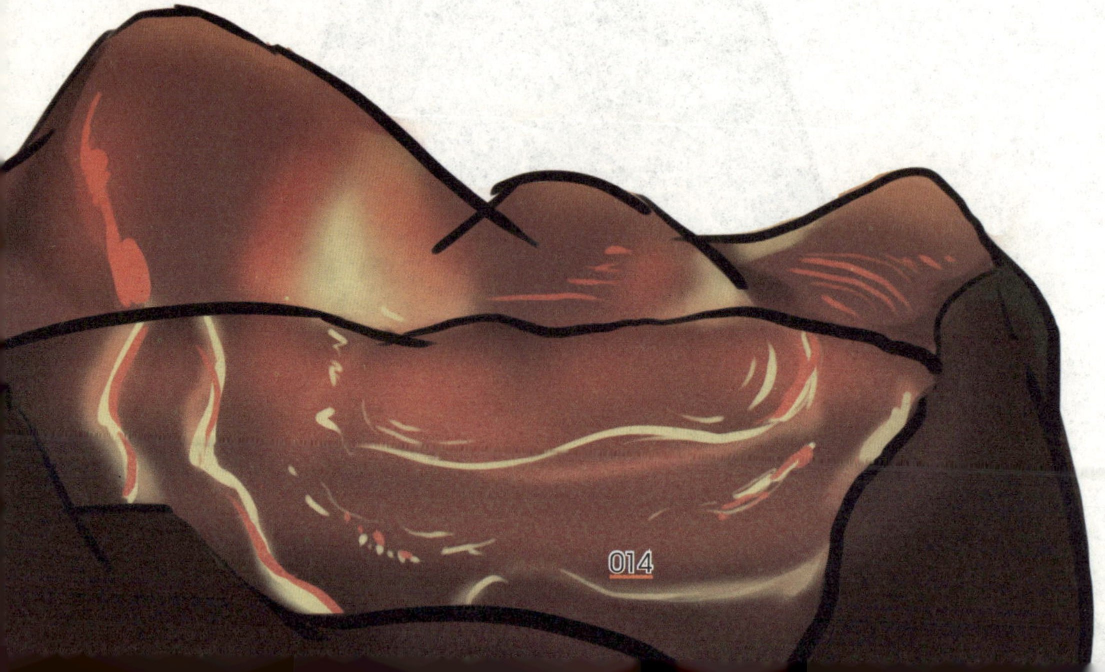

（2）休眠火山

休眠火山是指有史以来曾经喷发过，但长期处于相对静止状态的火山。这类火山都保存有完好的火山锥形态，仍具有火山活动能力。如我国的长白山天池，目前虽然没有喷发活动，但从山坡上一些深不可测的喷气孔中仍然不断地喷出高温气体，可见该火山目前正处于休眠状态。这类火山就好比人在睡觉，不知道什么时候会醒过来，因此被称为休眠火山。中国长白山天池火山就是典型的休眠火山。

（3）死火山

死火山是指史前曾发生过喷发，但有史以来没有活动过的火山。

目前已知的“死火山”约有2 000座。此类火山已丧失了活动能力，有的火山仍保持着完整的火山形态，有的则已遭受风化侵蚀，只剩下残缺不全的火山遗址。

例如，我国山西省的大同火山群在方圆约50平方千米的

范围内，分布着两个孤立的火山锥，其中狼窝山火山锥高将近120米，属于死火山。

科学家们认为，驱动死火山活动的能量深深地埋在地下65~80千米处，科学家现在还不可能将实验仪器置于理想的深处，去探测死火山之源。目前，研究死火山的主要方法有：采用轨道卫星、计算机和高度精密的仪器对死火山进行观测、收集并分析各种数据；在实验室对死火山的岩石进行分析或做模拟实验以推测火山爆发的可能性。

以上三种类型的火山之间没有严格的界限。休眠火山可以“复苏”，死火山也可以“复活”，相互间并不是一成不变的。过去人们一直认为，意大利的维苏威火山是一个死火山，在火山脚下，人们建造了许多的城镇，在火山坡上开辟了葡萄园，但在公元79年，维苏威火山突然爆发，高温的火山喷发物埋藏了周围的城镇。

一般来说，在火山下面，是否存在活动的岩浆系统，是判断一座火山“死”或“活”的关键。

那么，怎样才能知道火山下面是否存在活动的岩浆系统呢？一般可根据以下现象做出初步判断：一是，在活火山区存在水热活动或喷气现象；二是，以火山为中心的小范围内，微震活动明显高于其外围地区；三是，火山区出现某些可观测到的地表形变。上述现象都是由于火山下面岩浆系统发生具体活动情况而出现的，所以，在火山区设立监测站，对其活动情况进行监测，才能避免或减少喷发带来的危害。

根据火山的外形和地形分类

根据火山的外形和地形，可分为复式火山、盾状火山、锥状火山。

（1）复式火山

复式火山是指由两种以上的简单类型的火山体（如火山渣锥、寄生火山锥、盾火山、复合火山和火山穹丘）组成的火山。它又称为成层火山，是由火山岩屑与岩浆共同组成的。这种火山因其优美对称的外形，大多数都会成为著名的旅游胜地。如日本富士山、菲律宾马荣火山等。

（2）盾状火山

盾状火山是具有宽阔顶面和缓坡度侧翼的大型火山。由于岩浆逐渐冷却后，成为宽广低平的拱形火山，而顶部成盾形，故而叫盾状火山。盾状火山是由大量快速流动的岩浆涌出地表构成的。比如夏威夷的冒纳罗亚火山就是典型的盾状火山。它是由数以千计的各股岩浆互相层叠而成，每层的厚度都不超过15米。

（3）锥状火山

锥状火山是火山碎屑物如火山渣、火山灰和熔岩流喷出地表又落到喷发口附近堆积形成的，其中又以火山渣为主，因其呈圆锥形故而得名。

这种火山是由多次火山活动造成的。火山口内还可形成小的火山锥。由于火山碎屑物胶结松散，所以无法形成较高的堆积，通常都小于500米。火山渣锥的碎屑只有在一定的

坡度范围才能够停止向下滑动而获得稳定的支撑，所以其坡度都在35° 左右。

可是为什么它们的外形却能保持很长时间呢？原来这些碎屑像海绵一样都是具有高渗水性的，这就使落在火山渣锥表面的雨水迅速渗入碎屑内部而不会形成具有冲刷作用的径流。同时，渗入到内部的水还会对碎屑进行一定的侵蚀，进而形成一定的固结作用。

墨西哥西部的帕里库廷火山就是著名的锥状火山。

根据火山口的形状分类

根据火山口的形状来分，可以分为破火山口火山和低平火山口火山。这类火山一般都看不见“山”。

（1）破火山口火山

破火山口火山是一种在火山顶部有较大的圆形凹陷的火山，通常是岩浆回撤、火山自身塌陷时形成，或浅部岩浆囊喷发而形成的。破火山口火山直径可达8~16千米，而火山口直径通常为1~1.6千米。

（2）低平火山口火山

低平火山口火山是由岩浆和水相互作用发生爆炸而形成的。在地表下形成了深切到围岩的圆形火山口，并被一个低矮的碎屑环包围，由环形壁、火山口沉积物、火山筒和岩浆通道组成。低平火山口火山常常会积水而形成火山口湖。

此外还有泥火山，泥火山是泥浆与气体同时喷出地面后堆积而成的。其外形多为锥状小丘或者是盆穴状，丘的尖端部通常有凹陷，并由此间断地喷出泥浆与气体。

说泥火山是火山，却又不是通常意义上的火山。通常所说的火山最基本的特征是由岩浆形成的，并具有岩浆通道；而泥火山则是由泥浆形成的，不具有岩浆通道。不过，泥火山不仅形状像火山，具有喷出口，还有喷发冒烟现象。泥火山通常很浅，可能间歇地喷泥，形成后易受侵蚀。

有些泥火山的形成与温泉有关，温泉的大量气体和少量的水与周围岩石发生化学反应形成沸腾的泥浆，喷出地表后，形成泥火山。

有些泥火山出现于年代较新而又具有未固结的松软岩层的油田地区。在压力作用下，甲烷和其他碳氢化合物气体与泥浆混合，向上冲出地表形成锥形的泥火山。

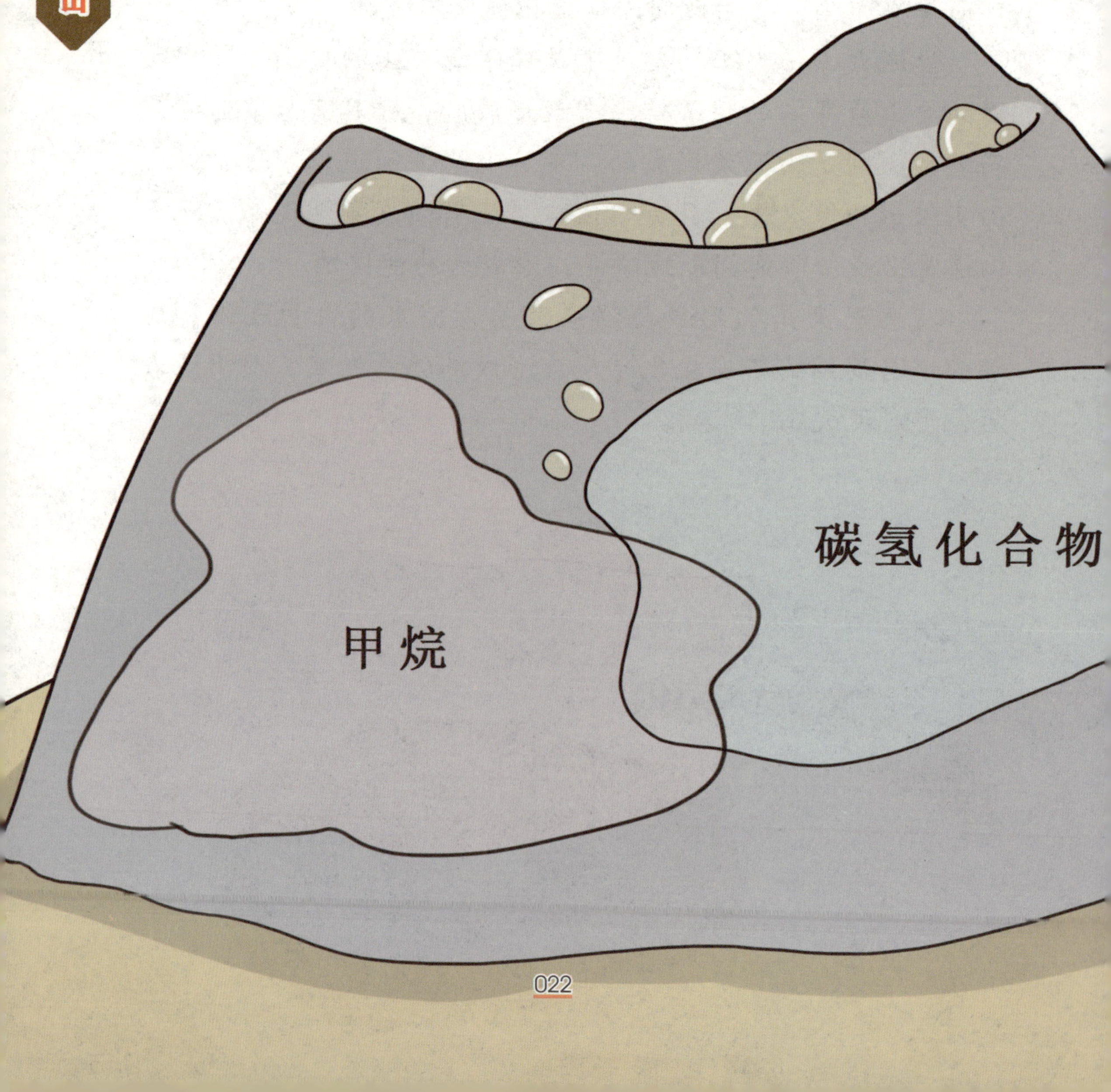

第二章

火山是怎么喷发的

一个人经常受到压抑，在忍无可忍的情况下总是会忽然爆发出来，以致使他人受到伤害。我们也可以以此来想象火山喷发的情景。当然从科学上来说，并不是这样的。

那么火山为什么会喷发呢？它是怎么喷发的呢？

1.火山为什么喷发

火山一旦形成后，并不像其他的山一样，永远静止不动。有些火山，活火山或者休眠火山，它们的形成就如同人的诞生一样，一旦形成，就具有了生命力。

我们前面说过，总体上来说，火山喷发是由板块运动造成的。具体地说，则是由于地球内部存在着一个“液态区”，那里的岩石都被熔化成液体，也就是我们所说的岩浆。岩浆在地球内部不停地流动，就像电饭锅里的蒸汽，总想找个地方流出来，可是又被地壳紧紧地包住。因此，岩浆就向压力比较小的地方积聚。等到有足够的力量时，它们就会从地壳的薄弱处喷发出来，形成火山喷发。

我们知道，在地面上，物体是向下坠落的，这是因为重力的作用。而在地下的岩浆，向上运动时也不违反这个原理，这里面也有重力的作用。

岩浆中的气体和水分，也是火山喷发的重要动力。因为炽热的岩浆本来是不能容纳它们的，只是由于地球深处压力巨大，才把它们与岩浆勉强熔合在了一起。这就有点像汽水中的气体，在压力下可以溶到水中去，但如果压力减轻，它们就会分离出来，体积迅速膨胀产生巨大的冲击力（想象一下打开可乐瓶盖时那一瞬间的情景）。当岩浆在火山地下聚积的时候，由于其中的一部分物质逐渐凝结成岩石从中分离，余下的物质中，气体和水分的含量便会越来越高，冲击力也越聚越强。当它从地壳中冲开一条出路的时候，大量岩浆便会顺着冲开的出路涌向地面，这时压力急剧减少，气体和水分迅速膨胀，如同炸药一样炸开地表形成火山的骤然爆发。

火山喷发是一种奇特的地质现象，是地壳运动的一种表现形式，也是地球内部热能在地表的一种最强烈的显示。

2.火山喷出的是什么

火山并非是喷出“火”的山，因此它喷出的不是火。那么火山究竟喷出的是什么呢？

根据对火山喷发物进行研究之后发现，火山喷出的物质主要包括火山气体、熔岩和火山碎屑。

火山气体

火山气体是由于火山喷发作用而从岩浆中分离出来的挥发物质的总称。

火山气体在火山活动的各个阶段都可以从火山口或火山锥周围裂缝中大量逸出，随着火山活动的强弱，火山气体的温度有高有低。当火山气体的温度高于当地水的沸点时，气体中的水蒸气含量最多；当火山气体的温度低于当地水的沸

点时，气体中二氧化碳的含量最高。火山气体中还有一部分是固体矿物的蒸气，它们到达地面后常在火山口附近凝结，形成硫黄、砂等矿物。

火山喷发释放的气体主要有水蒸气（70%~90%）、二氧化碳、二氧化硫以及微量的氮、氢、一氧化碳、硫氧、氯等。喷出气体的温度可达600℃。岩浆析出的水蒸气或地下水受热气化成的水蒸气沿裂隙上升，遇冷后在地表往往形成喷泉或温泉。

熔岩

熔岩是指火山口喷到地表的岩浆，也用来表示熔岩冷却后形成的岩石。

熔岩内所含气体比岩浆少。熔岩按其中二氧化硅的容量分为酸性、中性和基性。

酸性熔岩的二氧化硅含量大于65%，温度为800℃~900℃，黏性大，气体多，流动速度一般为每小时几米、十多米。

基性熔岩的二氧化硅含量小于52%，温度为1 000℃~1 200℃，黏性小，气体少，流动速度一般为每小时几千米。

中性熔岩则介于二者之间，流动速度与酸性熔岩相仿。

火山碎屑

“Tephra”原来是希腊词汇，指“灰”的意思，现被用作火山专业术语，是指火山喷出的岩浆冷凝碎屑、火山通道内和四壁岩石碎屑等飞入空中的所有碎屑物的总称。火山碎屑由于爆炸、热气流或岩浆的喷发被带入空中。

火山碎屑是被喷入空中的碎屑，因而在回落地表时呈规律性分布，一般较粗重的碎屑离火山口较近，如火山块、火山弹等；而轻而小的碎屑则被风吹到几千米以外沉降或上升到平流层进入大气环流，如火山灰。

根据火山碎屑的尺寸和形态可分为火山灰、火山砾、火山块、火山弹、火山渣和浮岩等。

（1）火山灰

火山爆发时，岩石或岩浆被粉碎成细小的颗粒，从而形成火山灰。火山灰由岩石、矿物、火山玻璃碎片组成，直径小于2毫米，还有人将其中极小的火山灰称为火山尘。

在火山的固态及液态喷出物中，火山灰的量最多，分布最广，它们常呈深灰色、黄色、白色等，堆积后成为凝灰岩。

火山灰危害性很大。当火山爆发时，炽热的火山灰随气流快速上升，不仅会对飞行安全造成威胁，还可以在平流层长期驻留，从而对地球气候产生严重影响。

火山灰的下落也会给人们带来伤害。1991年，皮纳图博火山喷发时，台风和雨使又湿又重的火山灰降落到人口稠密的地区，约200人死在被压塌的房屋下。

不过，火山灰并不是没有用处的，它也是很好的天然肥料。

（2）火山砾

火山砾指的是直径范围在2~64毫米的火山喷发碎屑。另外，还有一种火山砾被称为增生火山砾。它是球形的，由细小的火山灰一层一层黏结而成。

（3）火山块

火山块是直径大于64毫米的、棱角锋利的岩块。火山块的成分一般是早期的熔岩。火山爆发导致火山锥上早期的熔岩体破碎形成火山块。

有时岩块巨大,如维苏威火山喷出的火山岩块重达2～3吨。1924年夏威夷基拉维厄火山的蒸气爆炸抛出的火山块重达14吨。

（4）火山弹

火山弹是直径大于64毫米的形状圆滑的熔岩块。火山弹是火山喷发时熔岩被抛到空中，在快速旋转飞行过程中经迅速冷却而形成的岩石团块。

火山弹多包括圆形、长形、纺锤形等多种，多含气孔构造。其成分以基性熔岩为主，酸性熔岩的火山弹较少见。

（5）火山渣

火山渣是火山喷出的炉渣状多孔的岩石。它由孔隙、火山玻璃和矿物质组成。其粒径①一般为4～32毫米。它是富含气体的岩浆碎片喷到空中冷凝，所含气体膨胀逃逸，留下气孔，形成渣状外貌。火山渣的颜色呈黑色、暗褐色，其气孔常为不规则形状，大小不等。火山渣非常坚硬，由于其坚硬且多孔，因而是铺设路面的好材料。

另外，孔隙比例非常大的火山渣又被称为网状火山渣。网状火山渣中的气泡几乎都已破裂，形成密集的开放孔隙。大量的开放孔隙和易碎的火山玻璃构成了类似蜂巢的、精细的网状火山渣。网状火山渣也被称为玄武岩浮岩，它甚至比浮岩还轻，但由于其开放的孔隙结构，因而不能浮于水面上。

（6）浮岩

浮岩是一种多孔状的喷出岩。状似炉渣，颜色浅淡，多为白色、灰白色。浮岩由火山玻璃、矿物和气泡所组成，是

①粒径：用来衡量颗粒大小的物理量。

一种轻的、多气泡的、类似海绵状的火山岩。玻璃质结构，气孔状构造。火山爆发时，岩浆中分离出的大量火山气体形成泡沫，随后泡沫冷却，气体被“冻结”在浮岩中，浮岩中的气泡约占岩石总体积的70%以上，气泡间只有极薄的火山玻璃和矿物，因而可以浮于水面之上，故被称作浮岩。

化学工业中，浮岩常用作过滤剂、干燥剂、催化剂、填充剂以及农用杀虫剂的载体和肥料的控制剂。还可以用作水泥的混合料或配制无熟料水泥，也可直接用作建筑材料。也可用作中药（用作中药时名为海浮石）。

如前所述，正是这些喷出物堆积在火山口附近形成火山。当然，不同的火山，喷出物也是不同的，即使是同一座火山，不同时期的喷出物也是不同的。

3.火山的喷发过程是怎样的

不论火山以何种形式喷发，它总有一个固定的喷发过程。事实上，火山喷发前，在地壳下就已经开始活动了。科学家经过研究发现，在火山喷出地表前，主要有三个阶段：岩浆形成与初始上升阶段、岩浆囊阶段和从岩浆囊到地表阶段。

岩浆形成与初始上升阶段

岩浆的形成与初始上升是指部分熔融和熔融体与母岩分离。实际上这两个过程不大可能互相独立，熔融体与母岩分离可能在熔融开始产生时就发生了。

地幔柱

地幔柱：从软流圈或下地幔涌起并穿透岩石圈而成的地幔物质柱状体

岩浆囊是火山底下充填着岩浆的区域，是地壳或上地幔岩石介质中岩浆相对富集的地方。一般视为与油藏类似的岩石孔隙（或裂隙）中的高温流体，通常认为在地幔柱[1]内，岩浆只占总体积的5%~30%。从局部看，可以视为内部相对流通的液态集合。

①地幔柱：从软流圈或下地幔涌起并穿透岩石圈而成的热地幔物质柱状体。

从岩浆囊到地表是指岩浆从岩浆源区经通路上升，并在近地表喷发。

火山从地表喷出后，通过观察和研究，又被分为三个阶段：气体的爆炸、喷发柱的形成和喷发柱的塌落。

气体的爆炸

在火山喷发的孕育阶段，由于岩浆内部压力等因素的变化，在上覆岩石的裂隙带发生气体的猛烈爆炸，使岩石破碎，并打开火山喷发的通道，首先将碎块喷出，相继而来的就是岩浆的喷发。

喷发柱的形成

气体爆炸之后，气体以极大的喷射力将通道内的岩屑和深部的岩浆喷向高空，形成了高大的喷发柱。喷发柱又可分为三个区。

（1）气冲区

气冲区位于喷发柱的下部，相当于整个喷发柱高度的1/10。因气体从火山口冲出时的速度和力量很大，虽然喷射出来的岩块等物质的密度远远超过大气的密度，但它也会被抛向高空。气体冲出的速度，在火山通道内上升时逐渐加

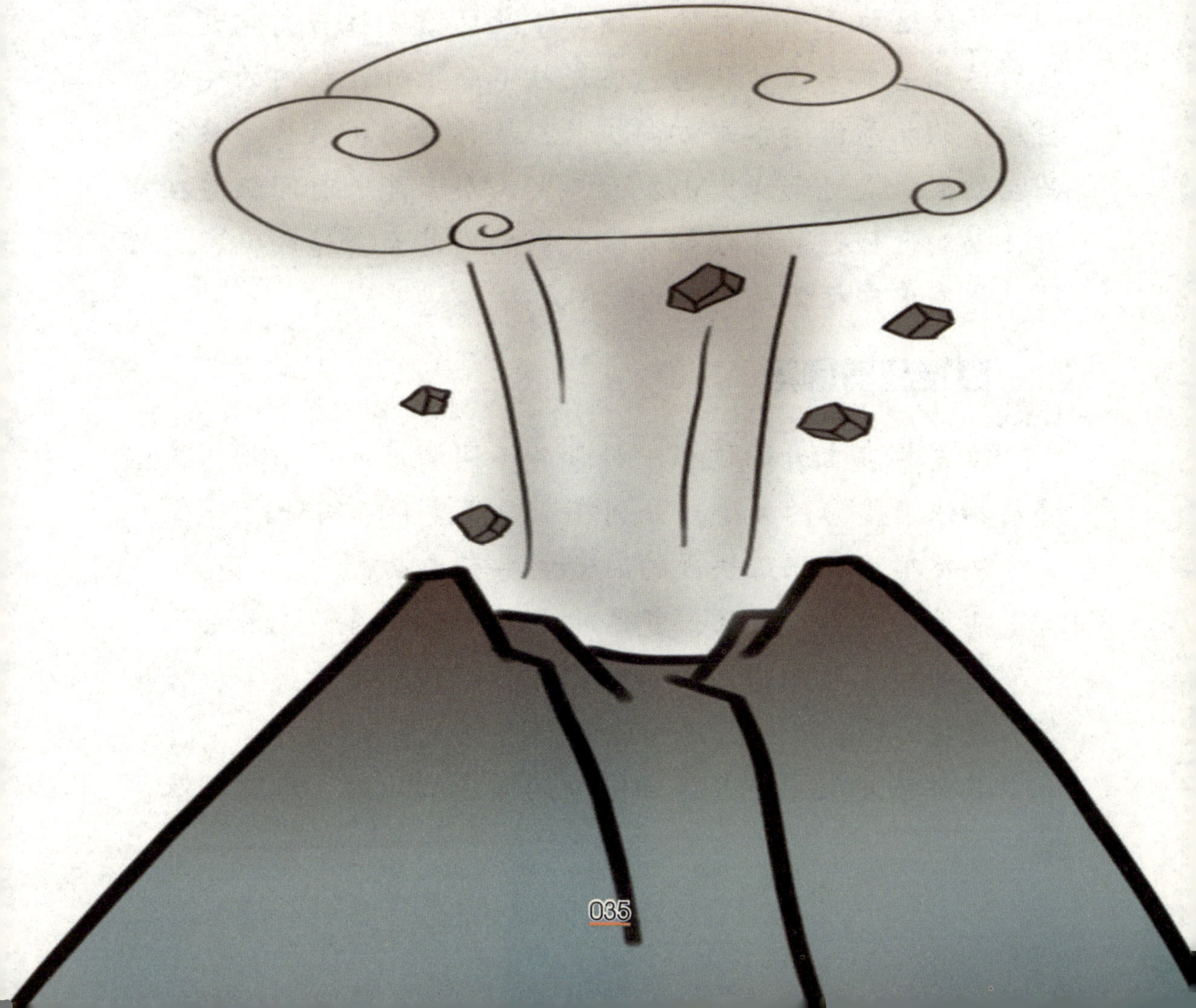

快，当它喷出地表射向高空时，由于大气的压力和喷气能量的消耗，其速度逐渐减小，被气体冲到高空的物质，按其重力大小在不同的高度开始降落。

（2）对流区

对流区位于气冲区的上部，因喷发柱气体冲出的速度减慢，气柱中的气体向外散射，大气中的气体不断加入，形成了喷发柱内外气体的对流，因此称其为对流区。该区密度大的物质开始下落。密度小于大气的物质，靠大气的浮力继续上升。对流区气柱的高度较大，约占喷发柱总高度的7/10。

（3）扩散区

扩散区位于喷发柱的最顶部，此区喷发柱与高空大气的压力达到基本平衡的状态。喷发柱不断上升，柱内的气体和密度小的物质沿着水平方向扩散，故称其为扩散区。被带入高空的火山灰可形成火山灰云，火山灰云能长时间飘浮在空中，而对区域性的气候带来很大影响，甚至会造成灾害。此区柱体高度占柱体总高度的2/10左右。

喷发柱的塌落

喷发柱在上升的过程中携带着不同密度的碎屑物，这些碎屑物依着重力的大小，分别在不同高度和不同阶段塌落。

决定喷发柱塌落快慢的因素主要有四点。

①火山口半径大的，气体冲力小，柱体塌落得就快。

②若喷发柱中岩屑含量高，并且粒径和密度大，柱体塌落得就快。

③若喷发柱中重复返回空中的固体岩块多，柱体塌落得就快。

④喷发柱中若有地表水的加入，可增大柱体的密度，柱体塌落得就快。反之，喷发柱在空中停留的时间长，塌落得就慢。

在火山喷发过程中，挥发性物质充当了重要的角色。它不仅是火山喷发的产物，更是火山喷发的动力。从岩浆的产生到火山喷发的整个过程，挥发性物质的活动无一不在起作用。

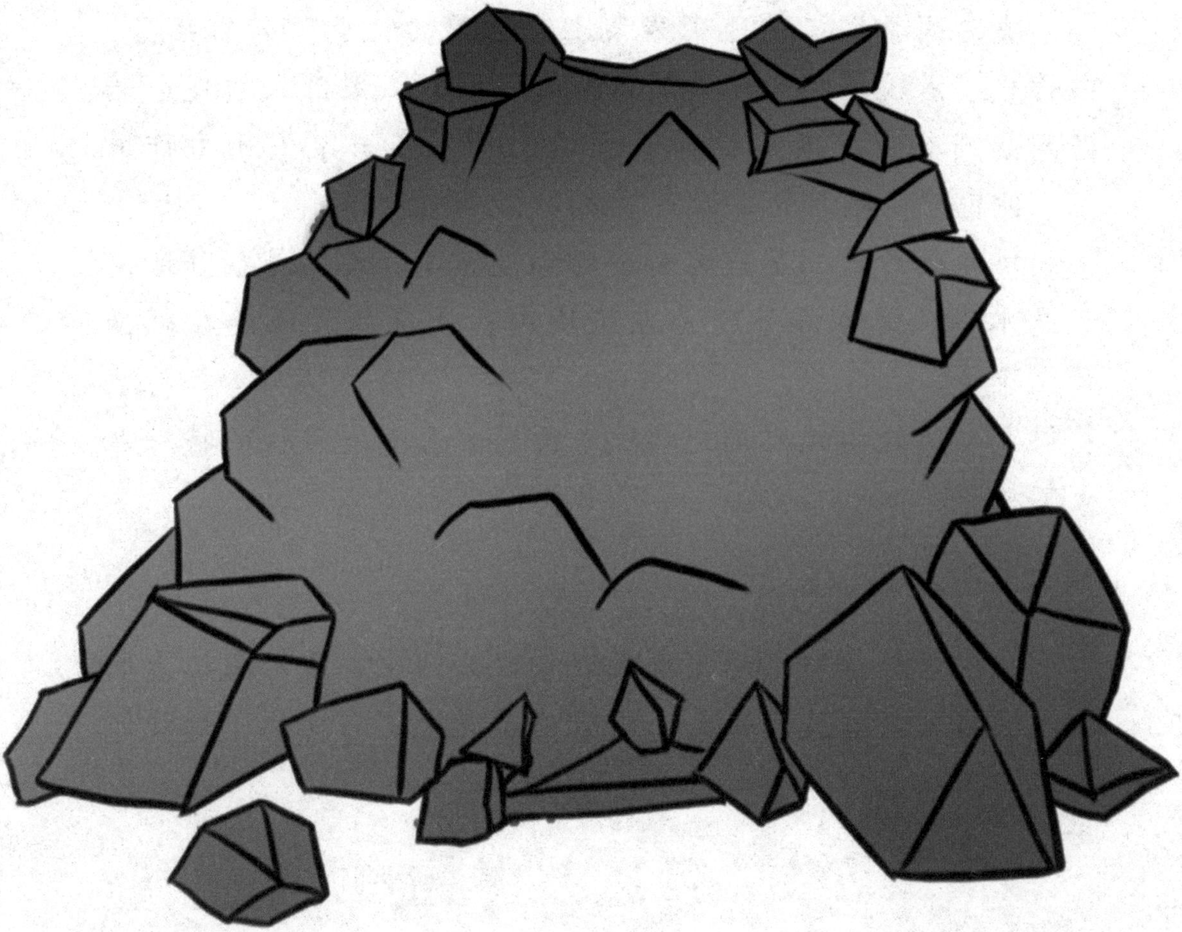

4.火山喷发的类型有哪些

火山喷发的类型的决定因素之一是岩浆的成分、挥发分①含量、温度和黏度。如玄武岩浆的二氧化硅含量低，含挥发分相对少、温度高、黏度小，因此岩浆流动性大，火山喷发相对较宁静，多为岩浆的喷溢，可形成大面积的熔岩台地和盾形火山；流纹质和安山质岩浆富含二氧化硅和挥发分，其温度低、黏性大，流动性差，因此火山喷发猛烈，爆炸声巨大，有大量的火山灰、火山弹喷出，常形成高大的火山碎屑锥，并伴有火山碎屑流和发光云现象，往往造成重灾。

决定因素之二是地下岩浆上升通道的特点。若岩浆房②中的岩浆沿较长的断裂线涌出地表，即形成裂隙式喷发；若沿两组断裂交叉而成的筒状通道上涌，在岩浆内压力作用下，便可产生猛烈的中心式喷发。

决定因素之三是岩浆喷出的构造环境，看其是在陆地，还是水下；是在洋脊还是在板块内；是在岛弧还是在碰撞带，等等。

火山所处的大地构造环境不同，火山喷发类型的特点也大不相同。

玄武岩泛流喷发

玄武岩泛流喷发的喷发物以玄武岩为主，常形成熔岩高原。因为玄武岩流动性大，熔岩喷出量大，在地形平坦处似

①挥发分：指岩浆中所含的水、二氧化碳等易于挥发的成分。

②岩浆房：熔融的岩浆液滴从源区的岩石粒间分离集中，当熔融量增大，熔体可以移动上升一段距离，并在不同深度聚集成岩浆房。

洪水泛滥，到处流溢，分布面广，故名。

1783年，着是冰岛的拉基火山喷发，从长25千米的裂隙中喷出约12立方千米的熔岩及3立方千米的火山碎屑物，覆盖面积达565平方千米。我国贵州、云南、四川的二叠纪玄武岩及河北省的汉诺坝也都是玄武岩泛流喷发形成的。

夏威夷式喷发

夏威夷式喷发是指当岩浆到达地表时，形成熔岩喷泉，被逸出气体推动的熔岩喷泉可高达300米或更高，被喷出的多是玄武质熔岩，也可以是安山质熔岩，也有少量的火山渣和火山灰。这种喷发类型，熔岩往往是多次溢流，而且有许多裂隙作为通道，流出的熔岩形成比较平坦的熔岩穹。如1975年冒纳罗亚火山的喷发就是典型的夏威夷式喷发。这种类型的喷发基本不会造成人员伤亡，但可以毁坏农田村庄，造成财产损失。

斯通博利型喷发

斯通博利型喷发特征是或多或少的定期的中等强度喷发。火山口的熔岩有轻度硬结，主要为块状熔岩，有玄武质、安山质成分的岩石组成，熔岩流厚而短，也有少数为绳状，每隔半小时就有气体从中逸出。这种火山韵律性地喷出白热的火山渣、火山砾和火山弹，爆炸较为温和，很多火山碎屑又落回火山口，再次被喷出，其他的落到火山锥形成的坡上。如意大利的斯通博利火山就属于此种喷发类型。

武尔卡诺型喷发

武尔卡诺型喷发比斯通博利型喷发的火山熔岩黏度更大，呈熔浆状，喷发较为猛烈。不喷发时在火山口上形成较厚的固结外壳，气体在固结的外壳下聚集，使熔岩柱的上部气体趋于饱和。当压力增大时，发生猛烈的爆炸，有时足以摧毁一部分火山锥，使阻塞物被炸开，一些碎片和熔岩组成的火山弹和火山渣被一起喷出，同时伴随着含相当数量火

山灰的“菜花状”喷发云。当火山口的“阻塞物”都被喷出后，就有熔岩流从火山口或火山锥侧缘的裂隙中涌出。位于意大利西西里岛北部，利帕里群岛南端的武尔卡诺火山就属于此种类型。

培雷式喷发

培雷式喷发的特点是产生高黏度岩浆，爆发特别强烈，最明显的特征是产生炽热的火山灰云。

火山灰云是一种高热度气体，由炽热的火山灰微粒组成，当它沿山坡向下移动时，足以产生像飓风一样的危害。

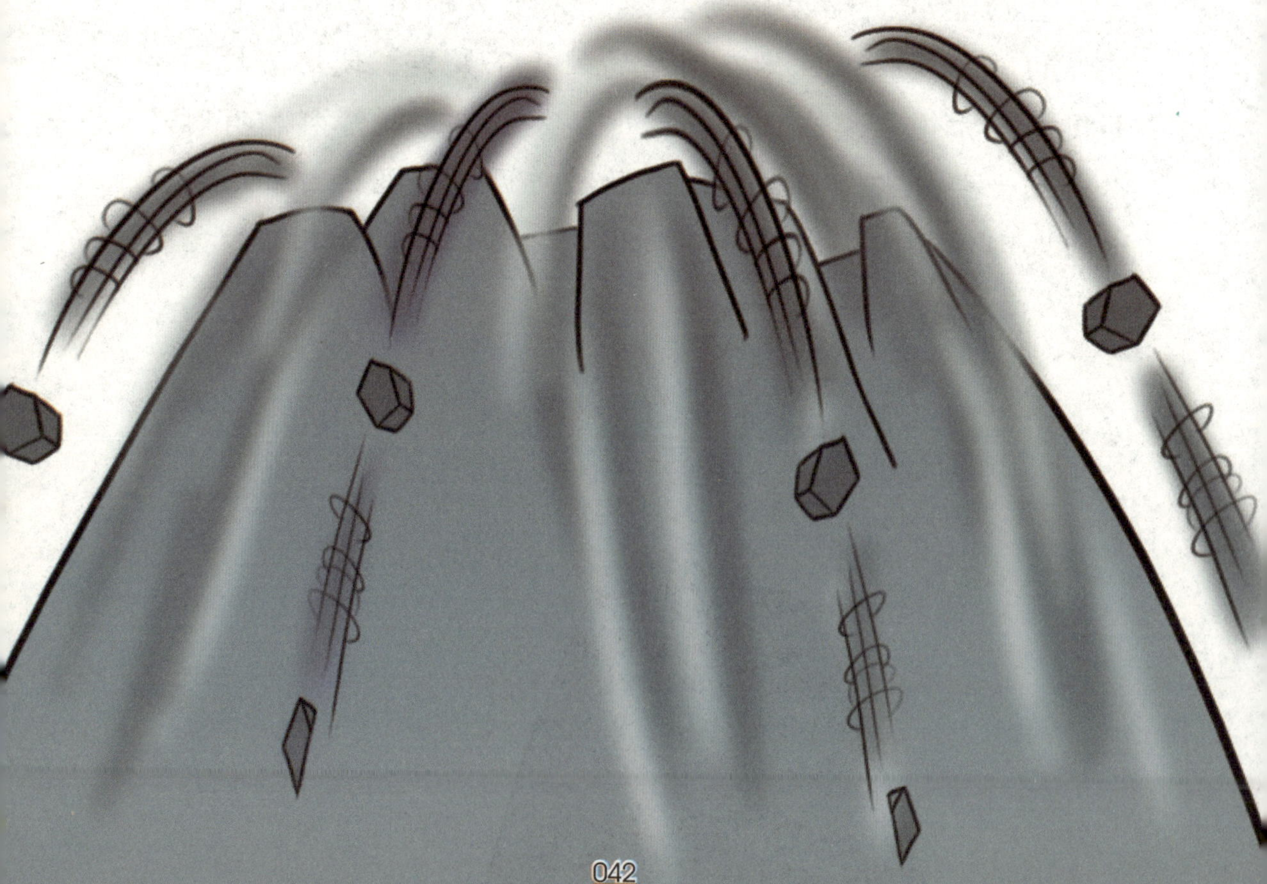

在培雷式喷发中，向上的气体经常被火山口中的熔岩堵住，压力逐渐增大发生爆炸时就像从瓶塞底下喷出水平方向的一阵疾风。熔岩被火山灰含量很高的气体所推动向外流出，但除了从火山口流出黏稠的熔岩外，其他地方就没有熔岩流出的现象了。

历史上发生培雷式喷发的火山较多：1951年的拉明顿火山和1982年的埃尔奇琼火山喷发都属此种类型。

普林尼式喷发

普林尼式喷发岩浆黏度大、爆发强烈，火山碎屑物常达90%以上，其中围岩碎屑占10%~25%，喷出物以流纹质与粗面质浮岩、火山灰为主，分布较广，伴有少量熔岩流或火山灰流。由于爆发强烈及岩浆物质大量被抛出，常形成锥顶崩塌的破火山口。这种火山喷发过程常为：清除火山通道——岩浆泡沫化——猛烈爆发出浮岩及火山灰——通道壁上碎石坠入及堵塞火山通道。如此反复作用，形成复杂的火山结构。

公元79年，维苏威火山爆发是典型的普林尼式喷发，伴随着大规模降落浮石、火山渣和火山灰。日本1783年的浅间火山活动也同样降下浮石层，大喷发中同时有火山碎屑流和熔岩流的喷出。1980年5月18日，美国圣海伦斯火山爆发也是普林尼式，爆发时形成的热液岩浆爆炸。

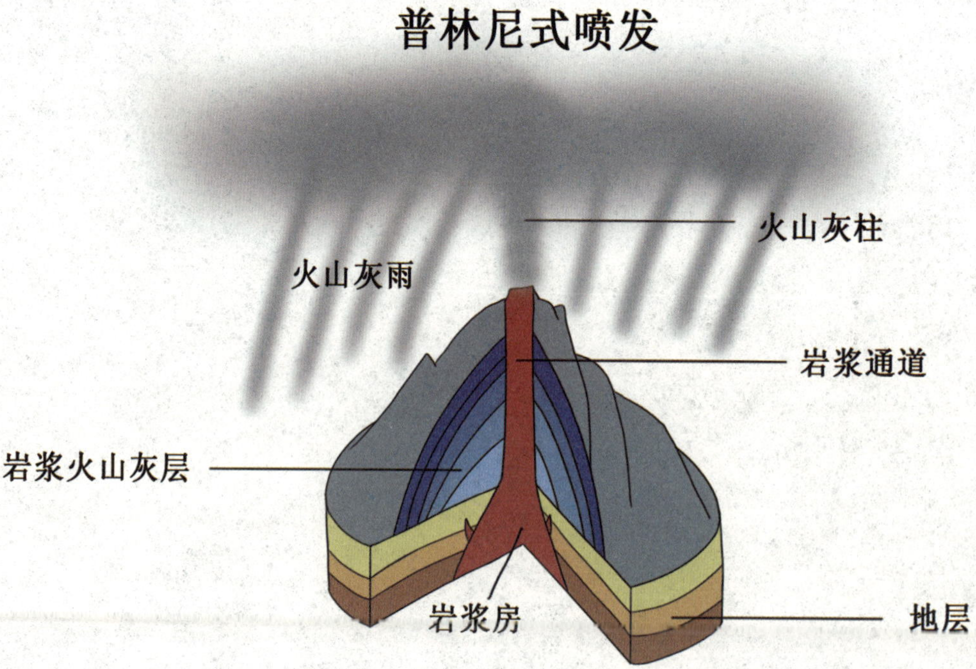

超武尔卡诺型喷发

超武尔卡诺型喷发和水蒸气喷发一样，几乎是无岩浆物质的爆发式喷发。有的称超火山型爆发。由于喷发只有喷发物质而无熔岩，因此喷发物质是在冷却状态下喷发的，偶尔在炽热状态下喷出。其特点是出现大量的火山碎屑，有时可达75%~100%。超武尔卡诺型喷发出的物质体积大小变化很大，从巨形岩块到火山灰均有。碎屑通常是棱角状和尖棱角状，无火山弹和火山渣。

苏特塞式喷发

苏特塞式喷发的特点是，火山活动的前半个时期，在浅海海底的一个火山口以反复爆发式喷发为主，当玄武质岩浆与海水接触时又发生爆炸，产生大量细粒物质（火山灰），这种由岩浆—水蒸气、水蒸气—岩浆爆发的类型与陆地上的

斯通博利型喷发不一样。

以上的分类法不是最完善的，实际调查显示，即使是同一种喷发类型也可能出现在不同类型的火山作用中，而同一座火山在自身的活动过程中也可能产生不同的喷发类型，甚至在同一喷发期也有时会出现不同的火山活动形式。

第三章

火山喷发的利弊有哪些

火山喷发作为一种自然现象，就像天要下雨一样，是我们不能决定和控制的。

火山喷发会带来哪些灾害呢？它存在有利的一面吗？在本章中我们将逐一对这些问题进行解答。

1.火山喷发都会带来哪些灾害

火山喷发带来的灾害可分为直接灾害和间接灾害两种。但任何一次火山喷发都可能产生多重灾害。如1980年美国圣海伦斯火山喷发时，产生了碎屑流、汽爆和火山灰等灾害。

火山熔岩流灾害

呈液态在地表流动的熔岩叫作熔岩流。熔岩流对人类的危害程度主要取决于熔岩流的规模、流速、火山口外壁斜坡

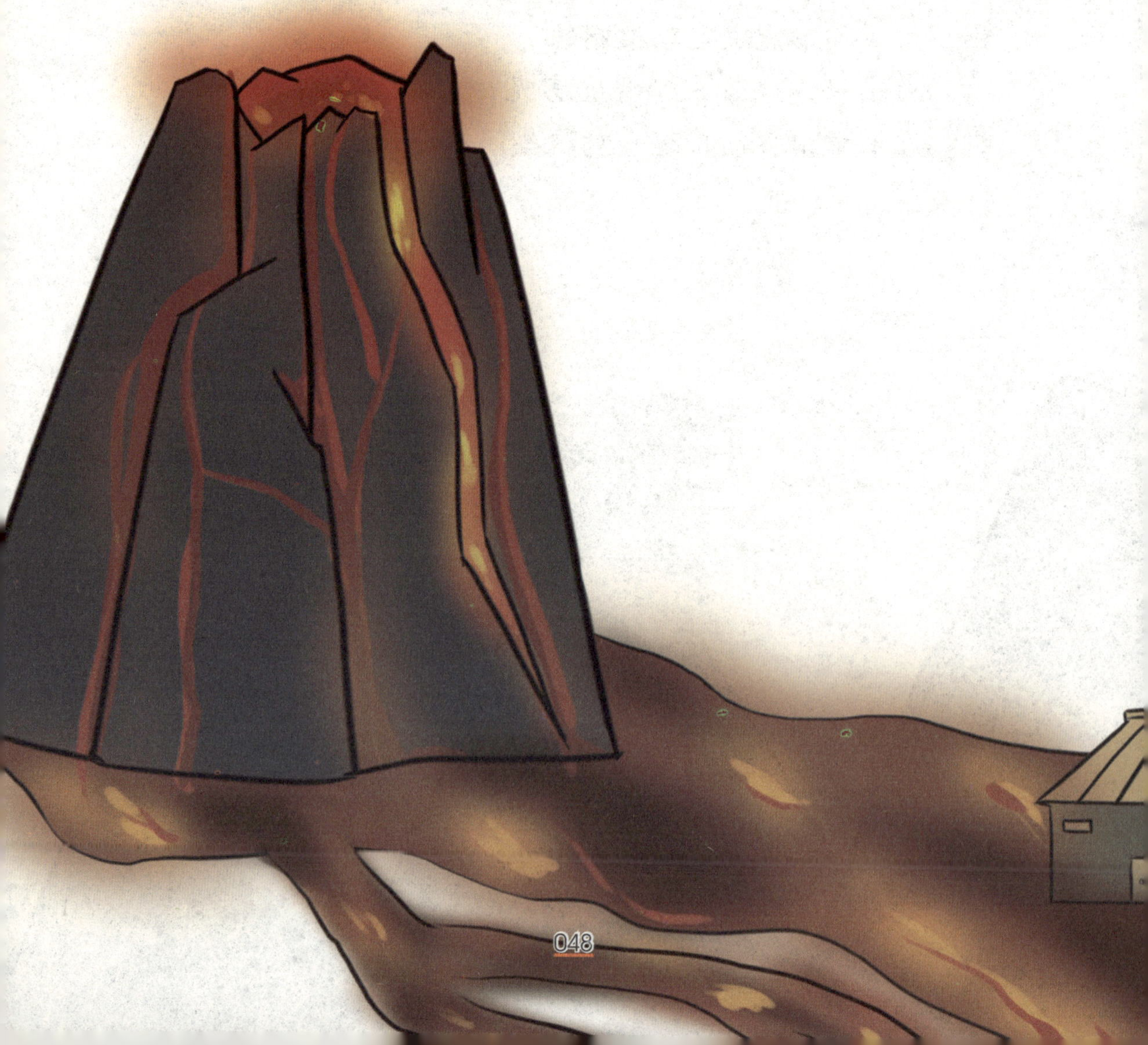

坡度和熔岩流的黏滞性。熔岩流的规模越大、流速越快、火山斜坡坡度越陡、熔岩流流体的黏滞性越小，所造成的灾害越严重。

据记载，与熔岩流相关的最大灾难发生在冰岛。1783年，冰岛的拉基火山喷发，沿24千米长的裂隙带同时喷出无数的“熔岩喷泉”，时间长达5个多月。熔岩流向裂缝一侧流出64千米，向另一侧流出45千米。熔岩覆盖面积达565平方千米，涌出的熔岩体积估计在（123×10^8）立方米左右。这是有史以来最大的熔岩流，也是最可怕的一次熔岩流。它漫过14个农庄，使另外30多个农庄遭到了重创。

这次火山活动尽管直接造成的人员伤亡较少，但给当地的居民造成了严重的灾难：熔岩流摧毁了房屋和农作物，烧死了牲畜，覆盖了田野；并使占当时冰岛人口总数22%的人在随后的饥荒中死亡。

火山碎屑流灾害

大规模火山喷发期间，沿火山侧面斜坡快速向下运动的炽热的、高速的火山碎屑物质流称为火山碎屑流，这是火山喷发最具毁灭性和最致命的形式。与缓慢运动的熔岩流不同，火山碎屑流能量大、流速快，可从火山口流到100千米

外或更远的地方，流动速度可达700千米／小时以上。在相当短的时间内，火山碎屑流可摧毁火山口周围附近方圆几千米甚至上百千米范围内的森林、村庄、桥梁及建筑物等，使火山口附近居民的生命财产安全受到严重威胁。

几乎没有人能够躲过火山碎屑流的袭击。因火山碎屑流而致死的人数在20世纪占火山造成的总死亡人数的70%。

20世纪最具破坏性（按死亡人数算）的火山碎屑流是1902年发生在马提尼克的加勒比岛珀莱山火山喷发。在这次喷发中，火山碎屑流沿帕莱山侧面以约160千米／小时的速度向下冲去，瞬间就掩埋了圣皮尔市，并造成29 000人死亡。

火山喷发物降落造成的灾害

大规模的火山喷发会使大量的火山碎屑及火山灰抛向

空中，当这些物质降落时就会掩埋和破坏地面建筑、森林及动植物，甚至危害人的生命。

在1902年危地马拉的圣玛丽亚火山喷发中，降落的火山灰堆积厚度达到200毫米，致使许多房屋屋顶塌落，从而造成6 000多人丧生。

巴布亚新几内亚的拉明顿火山于1951年1月喷发，炽热的火山喷发物降落后使大约90平方千米的植被毁于一旦，绝大多数房屋倒塌，造成2 942人死亡。

1968年哥斯达黎加的阿伦纳尔火山喷发时，下落的大碎屑块体砸穿了3千米外房屋的屋顶。

1963—1965年，哥斯达黎加的伊拉齐火山喷发，降落的火山灰厚约1米，几乎完全毁坏了当地的咖啡园和农田，造

成约1.5亿美元的经济损失。

1991年6月，菲律宾皮纳图博火山爆发后，由于火山周围方圆30千米范围内的农田都被火山灰所覆盖，约100万人的生活受到了影响。

此外，空气中悬浮的火山灰及尘粒还会降低空气的能见度，增加交通事故发生的风险，损坏机动车和飞机的发动机。火山灰云对高速飞行的飞机外壳还有磨蚀作用，会使飞机外壳遭到破坏。

1980年发生在美国圣海伦斯的火山爆发，在6个小时内，火山灰形成的云团顺风漂移了400千米。浓密的火山灰形成的云团遮住了大部分的阳光。在白天，亚基马和斯波坎城都处于黑暗之中，街灯被迫全天开放。人们感到呼吸非常困难。由于能见度低和汽车发动机的空气过滤器因灰尘而堵塞，交通被迫中断。无线电通信也一时处于混乱状态，突发事件应急系统也受到了严重的影响。

火山地震灾害

火山喷发往往伴随着地震。喷发之前常常出现局部地震，这是由于岩浆房膨胀造成裂隙张开和滑动而引起的。

美国圣海伦斯火山（1980年）和菲律宾的皮纳图博火山（1991年）大喷发前夕，每天都记录到几百次小地震，这也为预测火山喷发的时间提供了信息。

有时地震活动与喷发同时进行，有时喷发开始后地震就停止了。地震活动可能持续几天或几周，长者可能持续几个月甚至几年。公元79年，维苏威火山喷发的地震前奏持续了16年。

强烈的火山地震可导致房屋倒塌，危及人们的生命安全。1991年，菲律宾皮纳图博火山喷发，曾引起4次较强烈的地震，导致火山周围地壳变形，建筑物遭到破坏。

有毒气体逸散造成的灾害

许多火山通过喷气孔或间歇喷泉在不同程度上连续喷发气体。虽然水蒸气是火山喷发的主要气体，但火山气体中也含有其他气体，其中大多数可能对人类、动物或植物有害。如一氧化碳、烟酸、氟氢酸等。

火山喷发的有毒气体对人类造成伤害的典型例子，是发生在西非喀麦隆的尼奥斯湖事件。

尼奥斯湖是喀麦隆西北部一系列年轻玄武岩火山口湖的一部分。1986年8月21日晚9点30分左右，伴随着大量的气体从火山口湖中冒出，并迅速向邻近的山谷蔓延。这些高密度的气体“烟流”厚度约为50米，运动速度达到72千米/小时。贴近地面的气体向外扩展了25千米，4个村庄笼罩在“烟云”之下，当地的居民首先感到疲乏、头晕、闷热和精神错乱，然后便失去了知觉。这次事件致使约1 740人窒息而亡，另有8 300头左右的牲畜死亡，鸟类、昆虫和其他任何动物都未能幸免于难。

火山滑坡与火山泥流灾害

滑坡及岩屑崩落是火山造成山坡失稳的普遍特征。这种现象尤其与英安岩浆的喷发有关。这种硅质岩浆相对来讲黏稠度高并溶解有较多的气体成分。英安岩浆沿火山通道向上侵入时产生的压力可使山体发生破裂而形成许多裂缝，结果导致斜坡失稳而发生崩塌或滑坡。

圣海伦斯火山是美国西北部太平洋沿岸卡斯卡德山脉七大俯冲带的活火山之一。大量小地震和少量火山灰的喷发伴随着火山锥北侧的地面不断抬升。在大喷发一个月前隆起的直径达到2千米，隆起的高度有100米。1980年5月18日，凸起的高度达到150米，一场5.1级地震使圣海伦斯山火山口的周边遭受严重破坏，并出现了许多山崩。巨大的岩块破裂而滑下。地震引起的滑塌物质达（27×10^{8}）立方米。

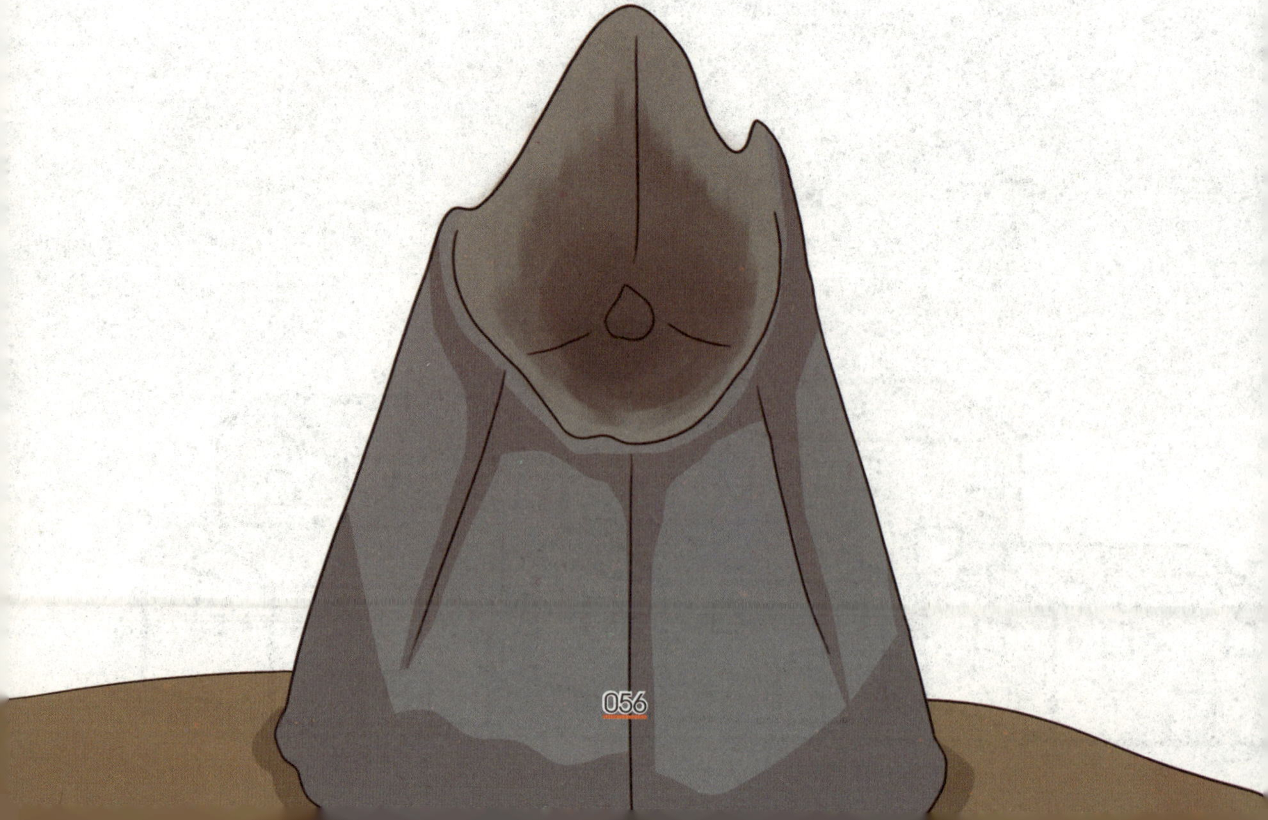

火山泥流主要指火山碎屑流及熔岩流在高速流动过程中，与水或积雪融合形成的高密度流体，其流速快，能量大，成分复杂，是一种破坏力极大的流体，可毁坏其所流经地区的农作物、森林、桥梁及建筑物等，给人类社会造成极大的破坏。

任何类型的火山爆发都可能产生火山泥流，不管是爆炸性的还是流动性的火山熔岩流，都伴有大量的水体沿火山陡坡向下流动。这些水体有的来源于暴雨，有的来源于火山口湖的垮塌，有的来源于冰雪的迅速融化。

火山泥流的威胁在安第斯山北部的火山链中占有主导地位。沿安第斯山脉至少有20余座活火山，延伸1 000多千米，北起哥伦比亚中部向南跨越赤道到达厄瓜多尔境内，最高峰海拔超过5 000米并被永久性冰雪所覆盖。火山泥流曾经造成严重的灾害性事件。

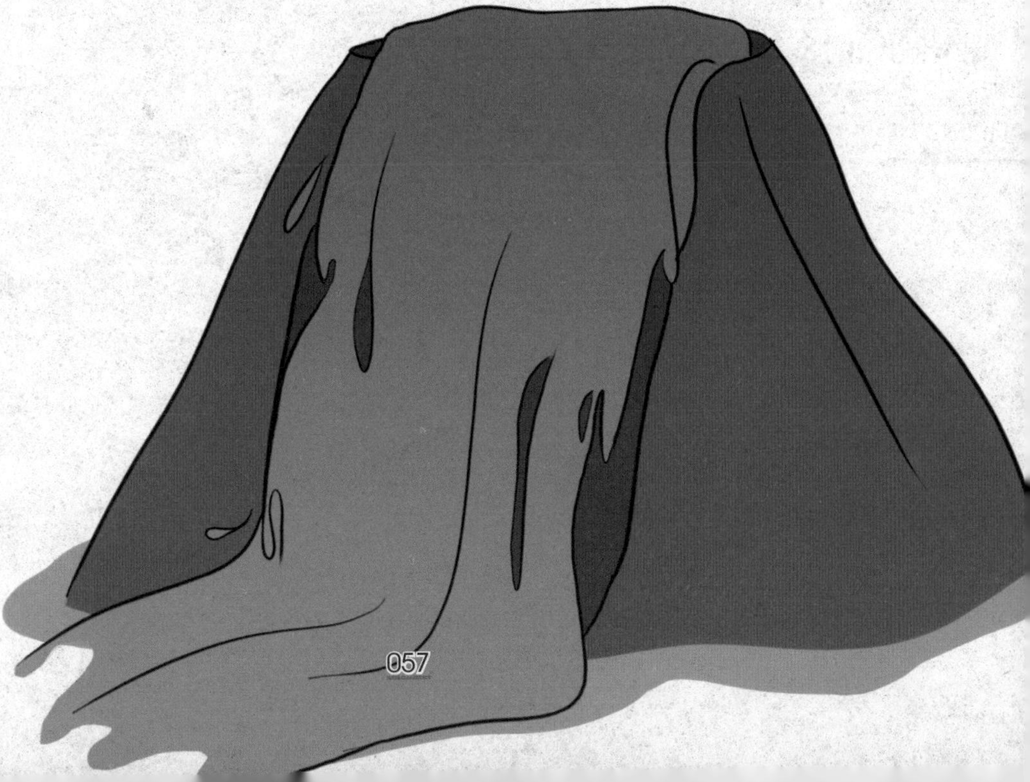

20世纪以来，世界上最严重的一次火山灾害是1985年哥伦比亚境内的内华多德鲁斯火山喷发。该火山海拔5 000米，是安第斯山脉最北部的一座活火山，在历史上曾发生过多次大的火山泥流。1845年火山喷发后的一个世纪内，许多移居者定居在火山周围。1984年11月，火山再次活动，一年后火山猛烈喷发形成了大规模、急速的熔岩泥流。伴随着火山喷发，火山顶部覆盖的冰帽被炽热的火山碎屑流融化，并形成大规模的火山泥石流，在金鸡纳造成上百间房屋倒塌，死亡约1 000人；泥石流随后包围了距火山口74千米远的阿梅罗城，城内淤积了3~8米厚的泥流，整座城市瞬间被夷为平地。22 008人在几分钟内丧命，有幸生存下来的人是被营救人员从泥浆里抢救出来的。火山周围所有的道路、桥梁、

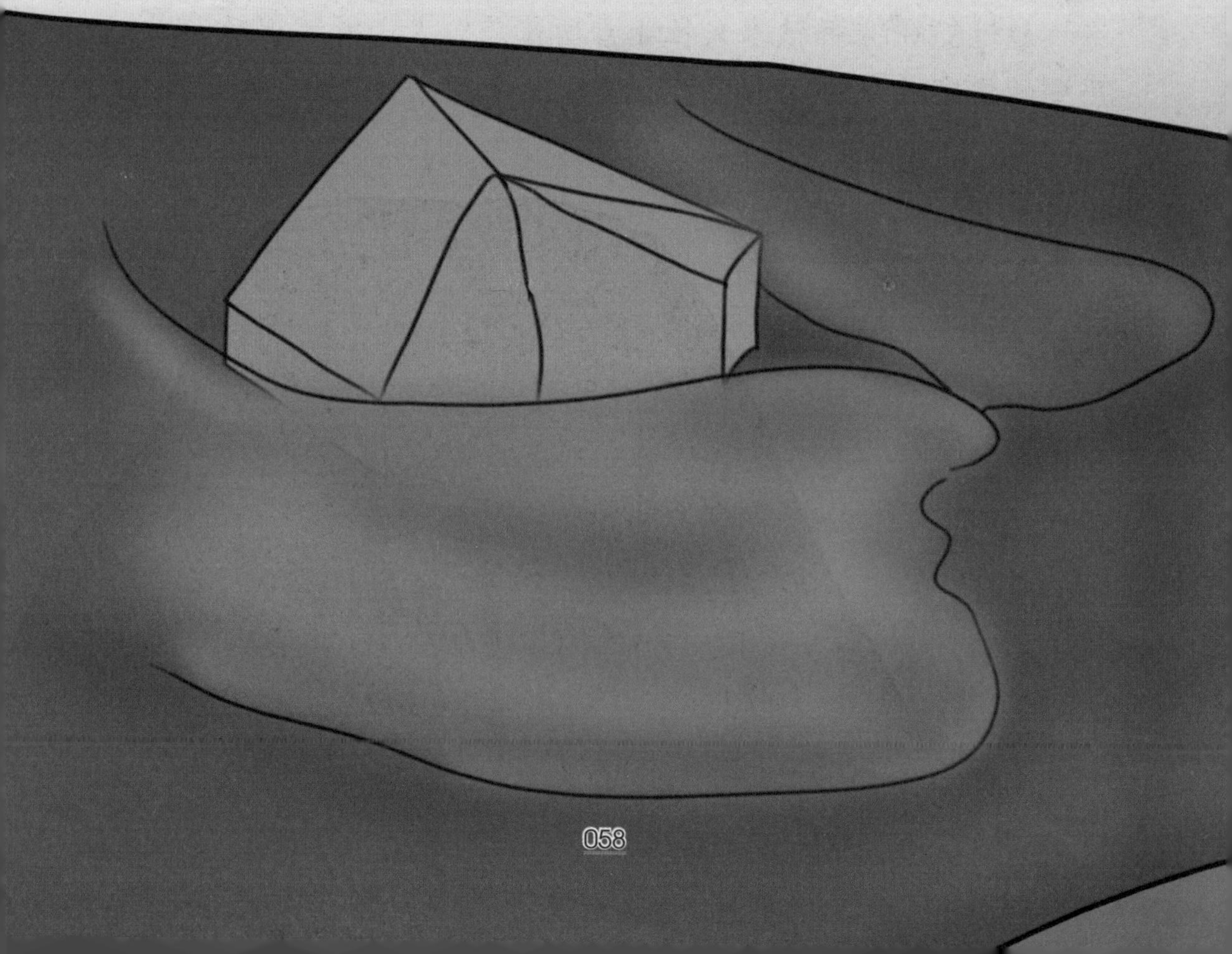

商店、工厂、学校等全部遭到破坏，造成2.12亿美元的财产损失。

厄瓜多尔的科托帕希火山自1738年以来，至少发生过50次喷发，接近半数的喷发都伴有熔岩流和火山泥流。在1877年的一次喷发中，大量的冰雪融化形成了规模巨大的火山泥流，总长达160千米，同时流向太平洋和大西洋流域。

1919年发生在爪哇的凯鲁特火山喷发，在不到1小时的时间内，火山泥流摧毁了130平方千米的农田，同时使大约5 500人丧生。它是近400年来印度尼西亚遭受火山泥流灾害最严重的一次。

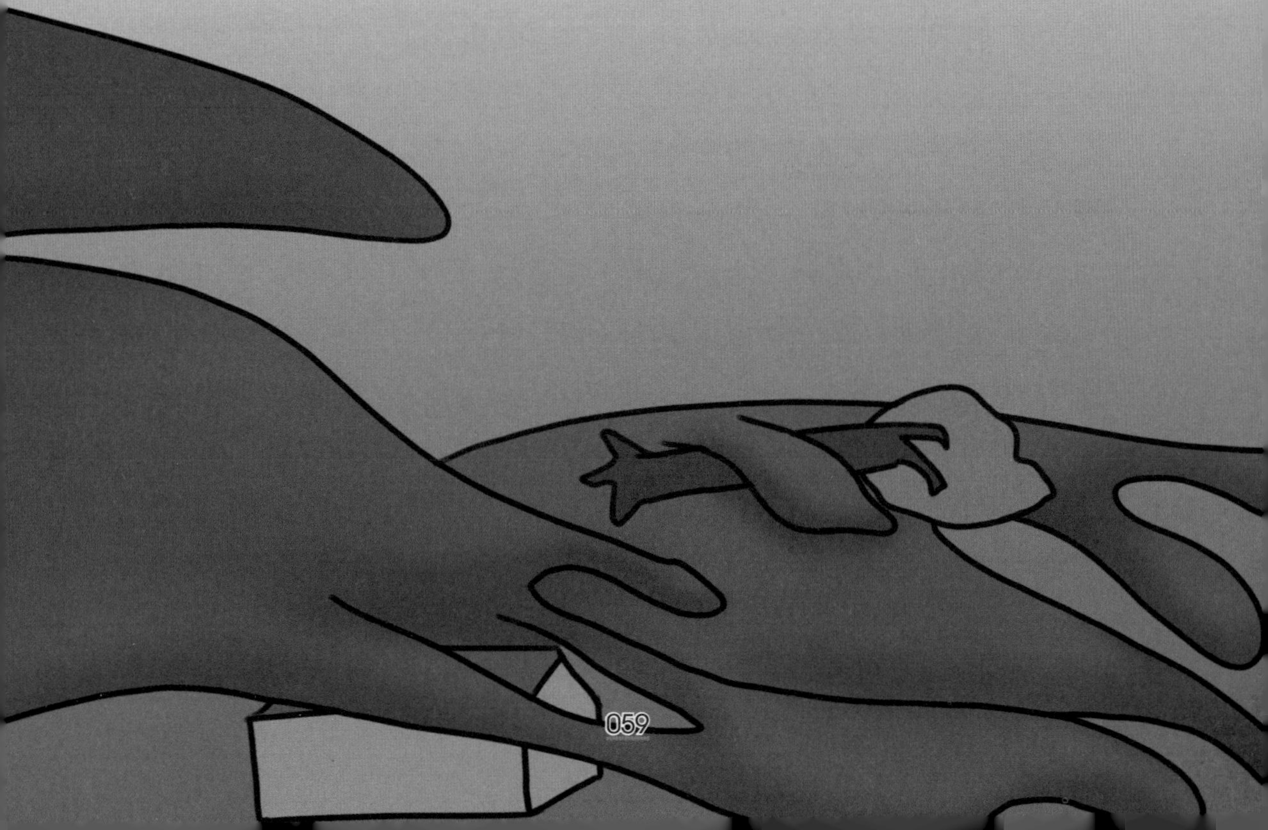

洪水灾害

在山谷外的低洼地区，火山碎屑的堆积通常可导致河流洪水泛滥，尤其是在那些易遭受热带飓风和季雨的国家。

火山碎屑阻碍了降水的入渗，从而使地表水径流量剧增，同时火山碎屑物填充河谷又使河流降低了泄洪能力。

山顶火山口湖的破裂也可能引起洪水。在冰岛，埋在永久冰盖下面的火山使融化的水在地下积聚，最终以被称作冰爆的形式喷出大量的水而形成洪水。

1991年，皮纳图博火山爆发产生了（153×10^4）立方米的火山泥流物质，由于火山泥流充填堵塞了主要河道，火山附近地区的一些河流发生了永久改道。如果这些物质与山谷中的原有沉积物被冲刷和搬运到下游，则可能有（12×10^8）至(36×10^8）立方米的物质在其后的10年间被搬运到火山外围的低洼地区。这些物质如果积聚在肥沃的农田、灌溉系统或鱼塘区，将造成巨大的经济损失。

海啸灾害

强烈的水下喷发可能产生巨大的海浪，这就是海啸。

公元前1600年，位于地中海的桑托林岛发生火山喷发。这是有文字记载以来最强烈的火山喷发，喷发产生的海浪使克里特岛近岸地带淹没于几十米深的水下，彻底毁坏了农业土地，环绕地中海东部的海岸低地也发生了洪水。

1883年8月27日的夜晚，印度尼西亚的喀拉喀托火山喷发并造成灾难性的后果。最严重的影响是喷发引起一系列巨大的海浪，淹没了附近的海岸地带。当6立方千米的岩浆喷出时，直径约8千米的破火山口发生坍塌并滑入水下200多米深处，由此而引发了至少三次大海啸和一系列较小的海啸，波浪高出正常海面40多米，一块重达600吨的珊瑚块体和其他物体被海浪带到距离海岸很远的内陆。“Berouw”号蒸气轮船被海浪带到距离岸边2.5千米、高出海平面24米的内陆。这次火山灾害造成36 417人死亡，其中的绝大多数是被淹死的。

饥荒和疾病灾害

火山喷发物降落地面后常常掩盖农田、摧毁庄稼并进而引起饥荒。

1815年坦博拉火山的大规模喷发不仅使12 000多人当场死亡，降落的火山灰还毁坏了印度尼西亚大片的农田，造成另外80 000多人死于火山喷发后的饥荒和疾病。

1991年皮纳图博火山喷发死亡的人员中绝大多数不是喷发本身造成的，而是由于疾病、淡水短缺、环境卫生恶化所致。

2.火山喷发对环境的影响

地球上的环境演变至今，火山活动起到了巨大的作用。像大陆和海洋的生成、人类赖以生存的大气环境、矿产资源和肥沃土壤的形成以及热能的开发利用，无一不与火山的活动有关。

火山喷发可以使人类生存的广域空间（包括海洋、地表到大气层）环境受到影响和破坏。从这一点上来说，火山喷发与人类的生存环境息息相关，火山喷发造成的大气污染早已为科学家们所关注。

火山喷发对气候的影响

由火山喷发引发的长期灾害类型是大气圈效应（或称气候效应）。火山喷发对全球气候变化起着重要的作用。气候效应主要是由于火山喷发期间火山灰和颗粒非常细的悬浮物质进入平流层而产生的。

1883年喀拉喀托火山爆发、1903年墨西哥的柯里玛火山爆发、1912年阿拉斯加卡特迈火山爆发，均使以后的全球平均气温下降0.3℃~0.6℃。

1982年3~4月，墨西哥的钦乔纳火山爆发，在太平洋和印度洋上空，出现了火山灰形成的巨大云层，厚3 000米，漂浮在20千米的高空。在这次喷发的一年后，东南亚气候变冷，澳大利亚、印度尼西亚连续干旱而遭受饥荒。

1915年印度尼西亚坦博拉火山的喷发使方圆500千米连续三昼夜没有见到太阳光线。火山喷发后的第二年变成了无夏的年份，全球平均气温比正常年份下降了1℃多，农作物大范围减产。菲律宾的皮纳图博火山在沉睡了500多年之后于1991年6月2日爆发，持续了10多个小时，体积大约8立方千米多的细粒火山碎屑物质和富硫气体冲入了35千米高的大气层，火山灰覆盖面积达数千平方千米，引起长达两年多的全球气温明显变冷。

火山灰、尘埃及火山气溶胶，尤其是火山灰具吸附性，可以充当降水所需要的凝结核，促进水汽凝结，在适当条件下可增加地面降水量。有人认为中国于1991年在夏秋江淮流域出现的大面积洪涝现象，很可能与1991年6月菲律宾皮纳图博火山和日本云仙火山的相继喷发有关。

进入大气圈中的火山碎屑物还可引起有害的酸性沉降，

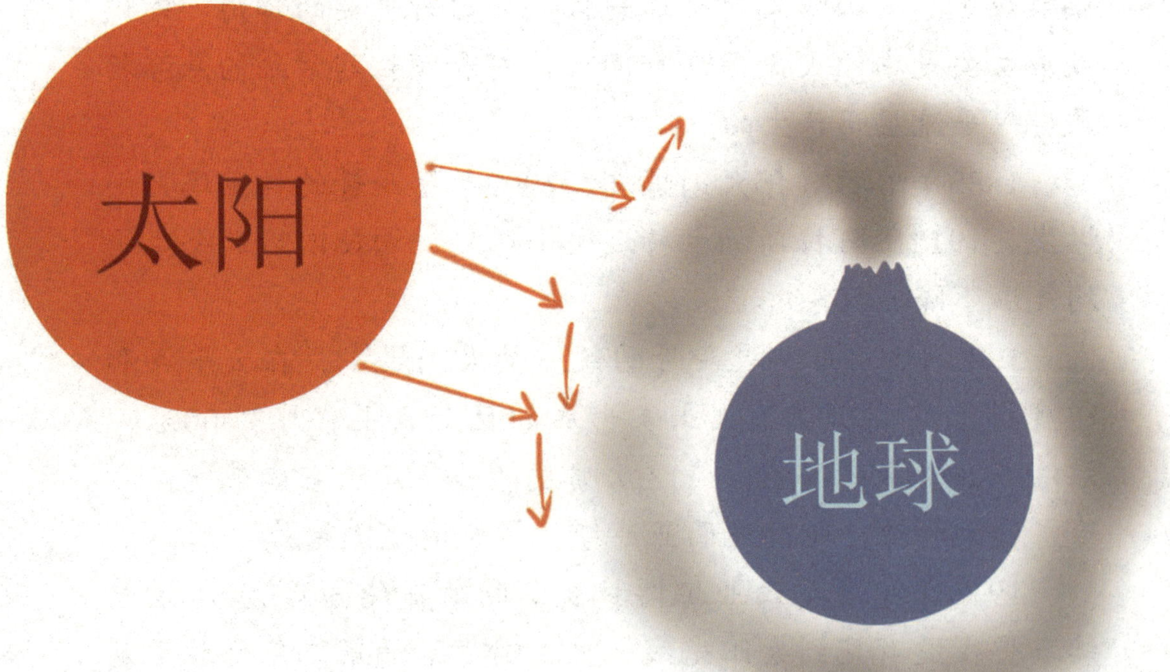

从而损害农作物、污染土壤、腐蚀材料。火山喷发还会导致大气中臭氧总量的减少，甚至可能破坏臭氧层。

火山喷发对气候影响范围的大小主要取决于火山所处的地理位置（纬度）、喷发柱高度和火山物质的成分三个因素。在其他条件相同的情况下，位于赤道和低纬度（20°～30°）带的火山喷发对气候影响的范围较广，可达全球范围；而位于高纬度及两极附近地区（60°～90°）的火山喷发对气候影响的范围较小，仅限于火山附近地区。喷发柱的高度是决定火山喷发对气候影响时空范围的一个重要参数，喷发柱越高，喷发物在大气圈中停留的时间就越长，它们随风飘移、覆盖的空间范围就越广，对气候的影响也就越大。就物质组成而言，玄武质岩浆喷发对气候影响的时空范围较小，而中酸性火山喷发对气候影响的时空范围较大。

强烈的火山爆发，不仅会喷出大量二氧化碳、一氧化碳和甲烷等温室气体，会导致全球气温变化，而且还会导致厄尔尼诺现象。据美国地质调查局研究，水下火山喷发，可能引起厄尔尼诺现象，常会导致干旱、台风等世界性气候异常。

臭氧层被破坏

自1985年英国的南极考察人员首次报道了南极上空存在“臭氧洞”以来，大气臭氧层被破坏的问题已日渐引起全世界的关注。

目前解释臭氧层被破坏的原因中有许多理论观点，但多数人认为是被排放到大气中的氟氯烃作用的结果。由于火山喷发时能释放出的大量氯化氢、氟化氢气体会直接升入高空被输送到平流区，通过紫外线照射生成氯原子，并在平流层中滞留比较长的时间。据估计，火山喷发因素在破坏臭氧层的诸多因素中，约占30%左右。世界气象专家认为，1992年南极上空臭氧空洞的形成与1991年菲律宾皮拉图博火山喷发密切相关。

污染与恶化环境

由于火山喷发，喷出大量的二氧化硫、二氧化碳、氯化物、氟化物和甲烷等火山气体，这些气体不仅能使人畜窒息和污染环境，而且由于大气臭氧的衰竭，引起进入对流层紫外线辐射的增加，使地面大气中各类污染物相互间的反应作用增强，继而加速光化学烟雾的形成和加剧环境恶化。

火山气中的硫化物、氯化物、氟化物与空气中的水分反应，形成酸性水气，具有毒性，即使含量很低，也会对人和动物的眼睛、皮肤、呼吸系统造成伤害，损害和毁坏植物，腐蚀纤维、金属、建筑物和文物古迹。酸性水汽凝结后形成酸雨，也会影响人类的生态环境。

火山喷发不可避免地要引起森林火灾和造成毁林的后果，其影响极为严重。据预测，地球上若无森林，90%的生物将消失；70%的淡水将白白流向大海；90%的动植物因无森林储水将面临干旱的威胁；生物碳化物将减少70%，地球上二氧化碳将大量增加，生物放氧将减少67%，地球将升温；许多地区将发生洪水灾害；空气污染和太阳辐射热等将增加，人类将面临灭顶之灾。

3.火山给人类带来了哪些资源效应

火山爆发可谓是大自然在人们面前呈现出了自己疯狂的一面。一座爆发中的火山,可能会流出灼热的红色熔岩流,或是喷出大量的火山灰和火山气体。这样的自然灾害可能会造成成千上万人伤亡的惨剧。然而，世间万事万物都是双面的，有坏的一面也有好的一面，火山爆发给人类带来的也不仅仅是伤害，同时还会带来一些“宝贝”，那就是火山资源。

著名的意大利维苏威火山是座活火山，定期喷发，夺走了很多人的生命，然而，人们却依旧在那里居住。在墨西哥，人口密集的地方常常是有火山的地方。这是为什么呢?

火山爆发虽然会带来危害，但火山灰却是极好的天然肥料，它含有多种农作物所需的养分。古巴、印度尼西亚盛产甘蔗，中美洲地区盛产水果，都与火山的贡献有关。

火山拥有的最大财富是热源。在不久以前有过火山活动或者现在还有火山活动的地区，常常有大量热水、热气蕴藏在地下，是一种很有价值的资源。世界上已有几十座热能发

电站，如中美洲萨尔瓦多利用10座间歇性的火山热能建造发电站，产生的电力相当于该国石油电站所发电力的20倍。美国夏威夷大学工程系系主任曾指出，在夏威夷启来火山口附近打的一口深达2 000米的地热试验井，其井产生的水蒸气若用来发电，可达5亿度。

火山喷发带来的热能，不仅可以发电，还可以用来供暖。地处北极圈附近的冰岛，年平均气温很低，但由于它正好位于亚欧板块和美洲板块的交界处，地壳运动频繁，火山较多，其地热资源非常丰富。冰岛的地热供热系统是世界上最大的，也是最完善的，全国已有1/5的家庭通过送来的火山蒸气取暖供热。首都雷克雅未克则是全部采用地热取暖，既节约能源又减轻环境污染。更令人惊奇的是，这个位于北极圈附近的北欧国家，靠着由温泉供热的温室，竟能生产热带水果——香蕉！这是火山的功劳。

火山甚至为一些国家增加了领土。1973年，在日本西之岛附近，因海底火山喷发而从水下冒出一块陆地，日本人将其命名为西之新岛，一次增加了0.24平方千米的领土，也是值得高兴的事。

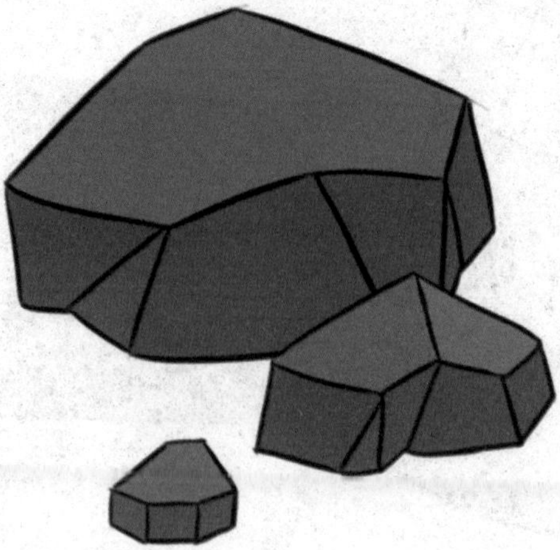

火山能创造很多的自然景观，世界上一些著名的风景区大部分是火山区，像美国的黄石公园、夏威夷火山公园，日本的富士山，我国的长白山、五大连池等。可以说，有火山的地区风景几乎都很优美。

火山还带来了金刚石、硫黄等大量的金属及非金属矿藏。火山灰和火山渣也是很好的填充建筑材料，高级的水泥也是用火山渣做填料的，所以火山喷出来的东西几乎都有用。

因此，火山就好像地下的大锅炉，也称得上是大自然的工厂。我们的任务就是要防止它的危害，充分利用它的资源，为人类服务。

4.历史上发生过的火山灾难

公元79年意大利维苏威火山喷发

公元79年8月24日下午，意大利的维苏威火山突然喷发，这也是历史上最为著名的火山喷发之一。火山喷发整整持续了一周时间，像玻璃一样的熔岩碎片、石块、晶体和火山灰从天而降，将位于那不勒斯湾的庞培、赫库兰尼姆、斯塔比亚等古罗马城市掩埋，死亡总数估计能达到1.6万人。遇难者中包括罗马历史学家普林尼——他当时痴迷地观察着这一壮观的自然现象，最终未能及时逃离险地。

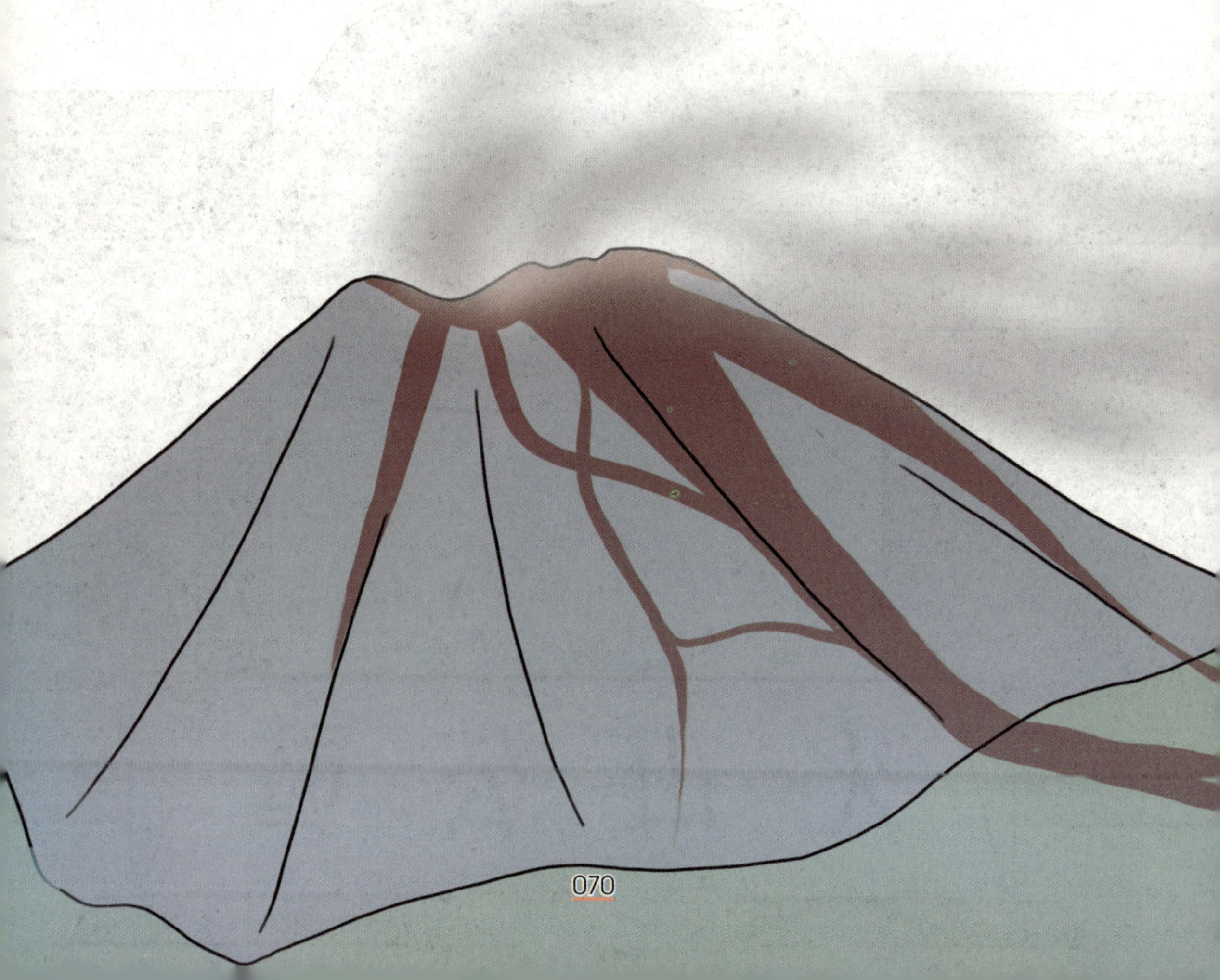

由于留在3座城市的火山灰厚度惊人，它们的废墟直到1748年才被人发现。1961年，人们在火山灰掩埋下的遇难者尸骨孔洞内灌注石膏，以此呈现这些被封闭在石块和泥土中长达19个世纪的不幸者死前的场景。

1783年冰岛拉基火山喷发

1783年的冰岛拉基火山喷发形成了有史以来规模最大的熔岩流，其数量高达12立方千米，覆盖了约564平方千米的区域。此次喷发断断续续，前后历时4个月。

火山喷出的氟气以氢氟酸的形式降落到冰岛地面，导致大量牲畜死亡。据统计，当时有一半的马和牛以及3／4的羊死于氢氟酸。由于出现大饥荒，整个社会处于一片混乱之中，最终有1/4的冰岛人死于饥饿。

被喷出的二氧化硫气体弥漫到更远的地区，整个欧洲被厚厚的雾气所笼罩，霾则肆无忌惮地在地面降临。由于拉基火山的喷发，冰岛共有大约9 300人丧命，而全世界的死亡人数可能是这一数字的10倍或者更多。

1792年和1991年日本云仙火山喷发

日本九州岛的云仙火山距离长崎东部大约40千米。1792年喷发后1个月，这个火山群的“老成员”丸山火山

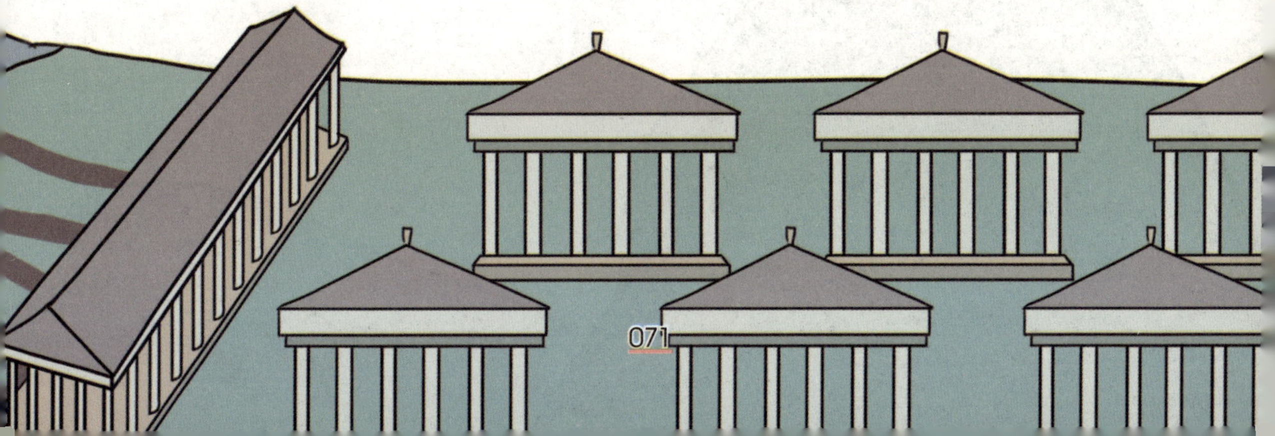

（Maruyama）斜坡倒塌，由此产生的塌方成为了岛原市的噩梦。滑落的山体坠入海洋，引发海啸。塌方和海啸共造成15 000人丧命，这是日本历史上最为严重的火山灾难。今天在岛原市，我们仍可以看到塌方给这片土地造成的伤痕。

1991年，云仙火山再次喷发，当时的火山灰流以每小时201千米的速度冲下斜坡。火山爆发的灾害对环境造成了严重的破坏，再加上由岩浆和泥石流引起的严重伤亡，使整个地区成为一片废墟。

1815年印度尼西亚塔姆波拉火山喷发

塔姆拉波火山位于印度尼西亚爪哇岛东部，于1815年4月喷发，是有历史记载以来最为猛烈的火山喷发。由于这次喷发，塔姆波拉火山的高度骤然之间下降了约1 250米，厚厚的火山灰掩埋了附近岛屿的农作物，大约有92 000人因缺少食物而被饿死。

此次火山喷发的粉末状岩石超过150立方千米，所形成的火山云至少让全球温度降低约0.38℃。这种影响持续了1年多，一些欧洲人和北美人将1816年称之为“没有夏天的一年”。

1883年印度尼西亚喀拉喀托火山喷发

喀拉喀托火山位于印度尼西亚爪哇岛西部和苏门答腊岛东部的巽他海峡，于1883年8月喷发，其产生的能量是规模最大的氢弹试验所产生能量的26倍。喀拉喀托火山山体崩塌后坠入海洋，引发高达30米的海浪，巨大的海浪淹没了数百个村庄，致使超过36 000人丧生。

根据《吉尼斯世界纪录大全》提供的数据，全世界有超过1/13的人听到了喀拉喀托火山的怒吼声。喷发过程中，浮石被喷射到55千米的高空，火山灰10天之后才落到4828千米外的地方。成群的浮石在海上漂浮了几个月，空气中的微粒让全世界的落日变成了鲜红色。

1902年西印度群岛培雷火山喷发

位于西印度群岛马提尼克岛的培雷火山于1902年喷发，灼热的火山云笼罩空中，大量毒气四处蔓延，无数火山灰从斜坡急速滚下。据悉，当时火山灰以每小时160千米的速度席卷了圣皮埃尔市，全市百姓要么被烧死，要么窒息而亡，整个过程仅有几分钟时间。

圣皮埃尔市当时有3万人口，只有2人（也可能是4个）活了下来。更为可怕的是，附近3座城市无一幸免，停靠在港口的16艘船只的船员也同样遭受灭顶之灾。被火山灰烧焦的地方面积达26平方千米。

1980年圣海伦斯火山喷发

1857~1980年以前，美国圣海伦斯火山一直处于休眠状态。一周的强烈地震前兆活动后，1980年3月27日火山开始出现喷发的迹象，到5月17日止间断性的火山活动一直在持续，5月18日发生猛烈喷发。这是美国历史上最严重的一次火山灾难，虽然已事先将危险区的人员撤离，但仍造成了57人丧生，另有很多人受伤，火山喷发造成财产损失达10亿美元以上。圣海伦斯火山喷发使美国的火山灾害研究计划得以扩大，美国地质调查局还在华盛顿州的范库弗建立了一个永久观测站来连续监测圣海伦斯的喷发活动。

1982年墨西哥埃尔希琼火山喷发

1982年埃尔希琼火山喷发摧毁了埃尔希琼山顶的圆丘，在原来的位置留下一个直径约1千米、深约300米的火山口。火山碎屑流和喷发形成的海水涌浪夷平了距火山7千米直径范围内的所有村庄，夺去了2 000多人的生命。

在此次喷发前，人们认为它的最后一次活动是更新世时期而未把它看作是高危险性火山。1980年11月到1981年4月，研究该地区地热潜能的两名地质学家在一项报告中提出地下岩浆活动的可能性，认为该地区有较高的火山喷发的危险，但报告并未引起重视，后来才造成了此次灾难。

1982年印度加隆贡火山喷发

1982年初，加隆贡火山在没有任何前兆活动的情况下复活，间断性喷发一直持续到1983年初。在这次喷发的大部分

时间，喷发柱上升到大气层20千米的高空，火山灰降落到加隆贡以西350千米的首都雅加达。幸运的是，起初的喷发比较缓和，火山附近的居民得以安全撤离。虽然没有与火山喷发直接相关的伤亡报告，但长达9个月的喷发活动造成了重大的经济损失，严重干扰了西爪哇60多万人的日常生活，有8万人因处于危险区而被迫撤走，数百万房屋、学校和其他建筑被摧毁，交通和通信受到干扰，农田和鱼塘被火山泥石流毁坏，3.5万人因此失去了他们长期生活的家园，直接经济损失超过10亿美元。

1985年哥伦比亚鲁伊斯火山喷发

1985年11月13日，安第斯山北端的内瓦多德尔鲁伊斯活火山发生了一次规模较小的爆炸性喷发。炽热的喷出物使冰

雪融化，形成几股破坏性的泥石流，火山泥石流沿着陡峻的山坡倾泻而下，位于火山脚下的阿尔梅罗镇惨遭厄运。23 000多人在泥石流中丧生，500多人受伤，10 000多人无家可归，整个阿尔梅罗镇被夷为平地，直接经济损失达2.12亿美元。鲁伊斯火山喷发是哥伦比亚历史上最严重的火山灾难。

1991年菲律宾皮纳图博火山喷发

菲律宾的皮纳图博火山于1991年6月喷发，共喷射出大约5立方千米的岩浆，并将一个巨大的火山灰云喷射到32千米的高空，也就是平流层。此次火山喷发的规模是1980年圣海伦火山的10倍，在20世纪所有火山喷发中位居第二。据悉，当时有100万人的生命安全受到威胁，但优秀的预警系统最终挽救了许多人的生命。菲律宾政府从最危险的斜坡和山谷撤离了6万人，美国政府则从附近的克拉克空军基地撤离了18 000人。

此次喷发将皮纳图博火山削去了约259米，形成一个直

径约24 000米的新塌陷破火山口。堆积的火山灰厚度达5厘米，覆盖方圆3 884平方千米的区域，农作物惨遭掩埋，房顶则披上一层厚厚的尘衣。雪上加霜的是，当时出现的台风带来的降雨增加了火山灰的重量，导致许多房屋因此而倒塌。据统计，大约有350人死于这场火山灾难，而房屋倒塌正是其死亡的主要原因。

2010年印度尼西亚默拉皮火山喷发

2010年10月26日黄昏，印度尼西亚中爪哇省的默拉皮火山喷发，在短短半小时之内，有3次猛烈的喷射，火山口上形成了浓重的热云和热浪。27日，火山继续喷发。火山喷发时，温度高达600℃的火山灰以每小时300千米的速度扑向山脚的基纳里约村，村内的建筑物几乎全被炙热的火山灰摧毁。虽然当地政府此前已经撤离了大约1.4万名住在附近的村民，不过依然有很多村民守着他们的家产不愿意离开。大部分没有及时撤离的村民被炙热的火山灰活活烫伤致死，也有不少人因吸入火山灰窒息而死。曾经多次经历火山喷发的83岁的守山老人马里德加恩也在遇难者之中。当救援人员清理现场时，发现了老人的尸体，他仍保持着祈祷的姿势——双膝跪地，脸贴在地上。此次火山喷发共造成304人死亡，另有几百人受伤。

第四章

火山灾害的预防和自救

只有科学地认识火山发生、发展规律及其危害性，掌握一些预防火山灾害的方法，才能在遭遇突变时，找到更多的逃生机会。

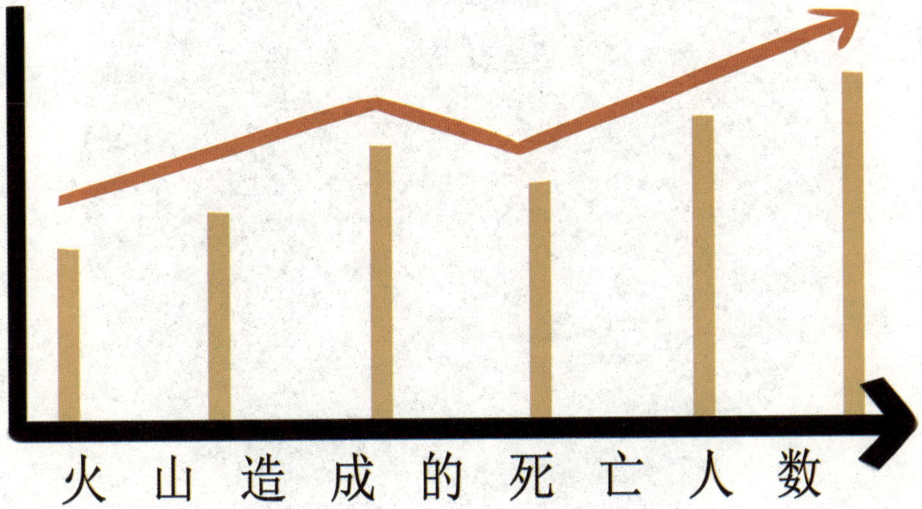

火山造成的死亡人数

1.火山喷发的前兆有哪些

火山爆发前几个月就有很多征兆，根据国内外的经验，可以通过如下方法来判断。

频繁地震

火山爆发前常有微震，火山岩外壳出现破裂，火山震动有所增加，表明火山接近喷发。

地震仪能够监测到地震，因此国外一般在活火山的周围均设有地震监测站。如圣海伦斯火山周围设有13个监测站，圣海伦斯火山在1980年5月大爆发前曾监测到每天发生3级地震达30次之多。

火山活动的过程常造成许多微小地震，大爆发也能引起

强烈地震。地震的发生也常导致火山活动，1999年记录的27次火山活动，有14次出现在土耳其大地震发生以后短短的两个多月内。

火山爆发和地震是一对孪生兄弟，1999年8月~10月是大地震频发时期，火山活动也激增，全球共发生火山爆发17起。

地质、地形变化

由于火山爆发前，地下岩浆的活动剧烈，产生地应力，使地质、地形有所改变，出现地裂、塌陷、位移等。

火山喷发几个月前就有征兆，因为在突然喷发以前，岩浆会从下面向外挤压，在火山的一侧产生一个可看得见的圆丘。小的火山岩喷发会使圆丘增加隆起的程度，使它更不稳

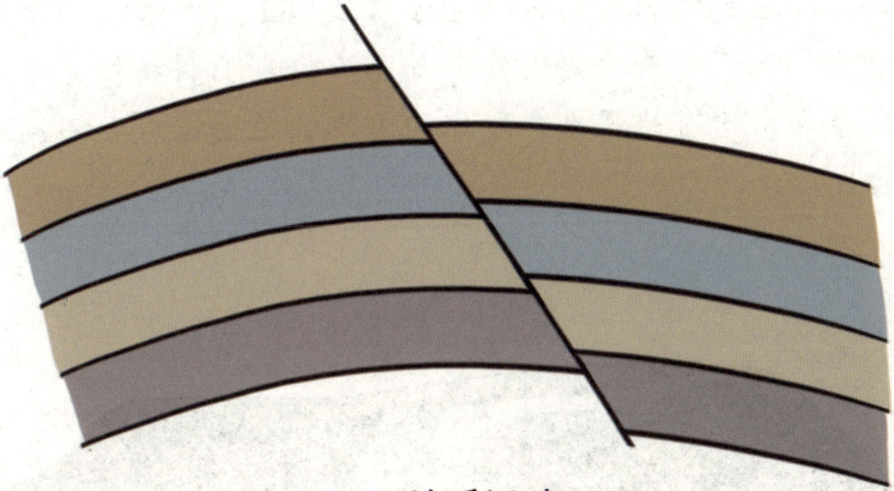

地质运动

定，直到最后发生崩溃，产生巨大爆炸释放压力。但是它什么时候将突然爆发，很难准确预测。

例如，阿拉斯加卡特迈火山于1912年爆发前，其周围甚至远距十几千米以外，突然出现许多地裂缝或塌陷，或冒出气体，喷出灰沙。1978年吉布提阿法尔三角区的阿尔杜科巴火山爆发前，突然出现高达百米的突起。1979年圣海伦斯火山爆发前，在其北坡出现了一个圆丘。到1980年，圆丘的高度迅速增长，最快时，每天增高45厘米，终于在当年5月18日就从这个圆丘突破，发生大爆炸。但在冰岛克拉夫拉火山于1980年10月爆发前，地面却发生沉降，也与岩浆运移有关。

地温、气温、水温升高

火山爆发前，由于岩浆的活动，导致附近的地温、气温、水温升高，冰雪融化。地下水温会比平时要高，或出现异常。许多高大的火山常年处于雪线以上，如果火山上的冰雪融化，就预示着将要爆发。如圣海伦斯、科托帕克希、鲁伊斯等火山均有此现象，融化的雪水甚至会造成泥石流或山洪暴发。

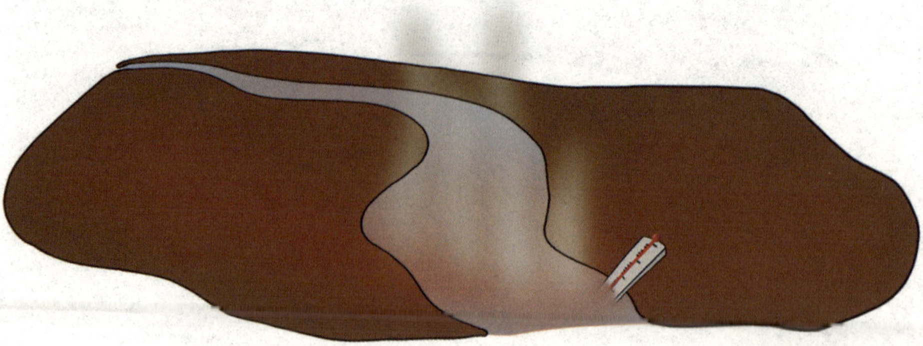

气味异常

在火山爆发以前，岩浆就已经在地下大量聚集，并且向地表迫近。这时岩浆中的气体和水蒸气有一部分先行飘散出来，在这些气味中，有硫黄的蒸气和许多含硫的气体，因此，人们通常可以嗅到难闻的气味。所以，国外经常在火山附近取气体样品分析，如果不正常的气体增加，表示火山爆发前某些火山气体已“先行”了。

动物异常

和地震之前的情况相比，有些动物会出现狂躁不安、逃跑狂叫、失控、攻击人、集体迁移、死亡等异常现象。飞鸟惊慌，可能不辨方向自撞树木而死。特别是临近火山爆发时，飘散出来的气体和水蒸气增多。由于这些气体是有毒的，同时，岩浆温度很高，在地下聚集的时候，使那里的表土的温度升高。生活在这里的动物不能适应环境条件的改变，就会逃离此处。有些抵抗力弱的动物还会因中毒而死亡。

火山爆发首先对水中鱼类、海洋动物产生了直接影响。如深海鱼游向浅水区，某区域发现奇特的鱼群或未见过的

鱼，栖于地中和水下的动物突然出现或死亡等。

许多国家的动物学家都认为，动物的反常现象确实是一些灾难的先兆。火山爆发或地震，都是一次巨大的能量释放，在爆发前，地磁、地电、地温、地下水、大气等，都会发生各种变化，由于动物的某些感觉十分灵敏，从而导致了它们行为的异常。

电磁异常

火山爆发和地震一样会产生较强的地磁变化和电磁辐射，导致地球内部的磁场结构产生变化。许多科学观测资料充分证明了火山爆发的这一特征，在火山喷发前后观测到地磁、地电的异常变化。如：在伊豆大岛火山喷发的前几年，开始出现地磁场的异常变化，喷发时，总磁场强度发生了急剧变化。

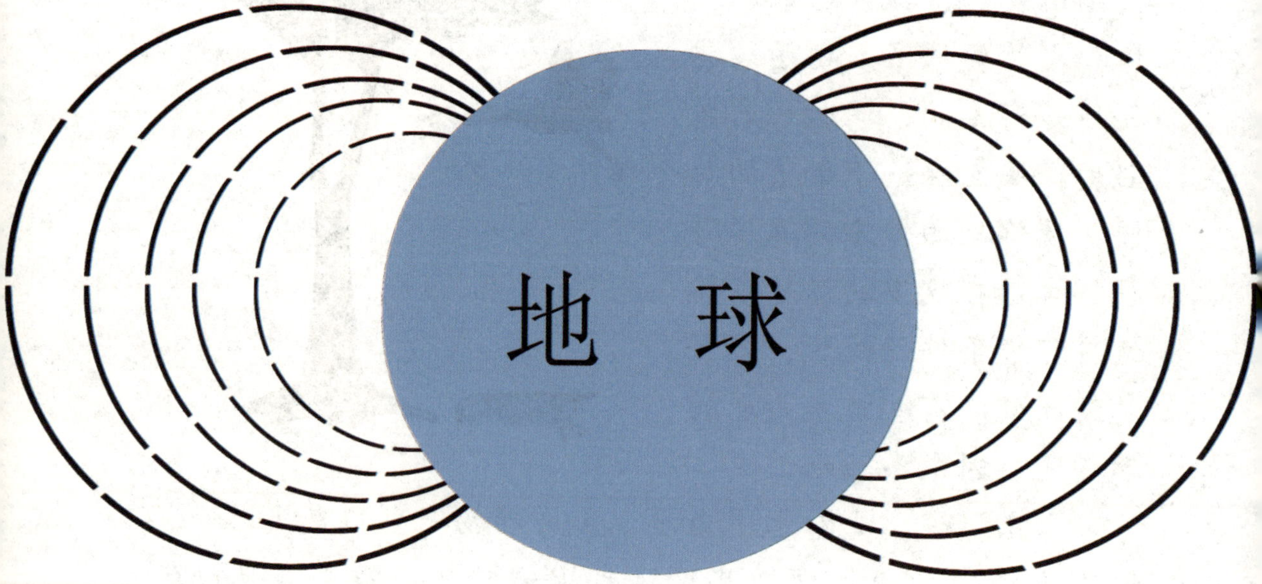

地球磁场

火山灰

1985年，鲁伊斯火山喷发时，喷入空中的火山灰度高达到8 000米。灾难来临的征兆是火山灰雨点般地降落。

声波变化

这是新西兰科学家新近发现的预报火山灾害的新方法。

2001年9月，新西兰籍科学家宣布，他们发现了一种预报火山灾害的新方法，即利用地球地心内部产生的声波，分析地壳裂缝形成的方向，以此预报火山爆发的准确时间。

科学家从新西兰鲁阿佩胡火山最近两次的大规模爆发中，收集了大量的科学数据，发现火山爆发前后，地球地心内部发生的声波呈现出有规律的变化，这些声波是地表之下的岩石层断裂所形成的。在火山爆发之前，地壳通常会出现

裂缝，人类只要密切观察那些裂缝形成的方向，就能够提前预报火山灾害发生的准确时间。不过，科学家指出，在收集到更多的相关资料之前，这种预报火山灾害的新方法只能作为各种预报技术的一部分。

隆隆的响声

由于岩浆和气体膨胀，尚未冲出火山口时的响声，会预告喷发即将来临。

2.火山喷发时的逃生知识

无论是休眠火山还是活火山，都有可能随时喷发。灾难来临时，一团团的火山灰把天空遮蔽得黑沉沉的，石块从高空坠落，熔岩冲下山坡。火山口和火山侧的裂隙还会喷出大量毒气。

火山喷发是巨大的灾祸，非人力所能挽回，大祸临头之际如能当机立断，采取适当行动，也许可绝处逢生。火山喷发后该如何逃生呢？

（1）倘若身处火山区，察觉到火山喷发前的先兆，应立刻离开。火山一旦喷发，人群慌乱，交通中断，到时再离开就困难多了。

（2）如果火山已经喷发，马上利用任何可用的交通工具逃生。火山灰越积越厚，当车轮陷住无法行驶时，马上弃车向远离火山区的方向奔跑。

（3）倘若熔岩流逼近，应立即爬上高地。切记保护头

部，以免遭到坠落的石块击伤。如果有可能，最好戴上硬帽或头盔。

（4）利用湿手帕或湿围巾掩住口鼻，可以过滤尘埃和毒气。有条件的应戴上护目镜，例如潜水面罩、眼罩，以保护眼睛。

3.火山喷发时的应对方法

如果身处火山区，并且突然遭遇火山喷发，可以采取以下的应对方法。

应对熔岩危害

在火山的各种危害中，熔岩流对生命的威胁最小，因为熔岩流的流速较慢，只要快速奔跑，就能逃过熔岩流的“追击”。

应对喷射物危害

在从靠近火山喷发处逃离时，最好使用坚硬的头盔或其他物品护住头部，防止砸伤。

应对火山灰危害

火山灰具有刺激性，会对肺部产生伤害。逃生时应用湿布护住口鼻，或佩戴防毒面具。到庇护所后，脱去衣服，彻底洗净暴露在外的皮肤，用干净的水冲洗眼睛。

应对气体球状物危害

火山喷发时会有气体和灰球体以飞快的速度滚下火山。此时可躲避在附近坚实的地下建筑物中，如果附近没有坚实的地下建筑物，唯一的存活机会可能就是跳入水中；屏住呼吸半分钟左右，球状物就会滚过去。

应对泥石流

火山喷发可能引发泥石流，在逃离时不要走峡谷路线，因为这里可能是火山泥流的必经之路。可以向远离火山区方向的高冈处逃离。

4.减轻火山灾害的对策有哪些

有效地减轻火山灾害必须建立在长期而深入的火山（活动和不活动的火山）研究之上。减轻火山灾害的对策主要包括高危险性火山的识别与评价、火山活动监测、火山喷发预报、火山地区的土地利用规划、与工程有关的减灾对策、火山灾害应急管理、灾后援助与重建等方面。

高危险性火山的识别与评价

全球大部分活火山位于人口密集的发展中国家，科学家们只对其中的一小部分进行了研究。由于受人力、物力和财力的限制，识别高危险性火山并优先加以研究是十分必要的。

确定高危险性火山应考虑的因素包括火山喷发的特征、历史记录、已知的地形和地震事件、喷发物的特征、火山附近的人口密度、历史上火山灾难的死亡人数等。

1983年，联合国教科文组织发起的三个工作会议参加者在全球划出了89座高危险性火山，其中42座在东南亚和西太平洋，40座在美洲和加勒比地区，7座在欧洲和非洲。由于缺乏充分的地质和地球物理数据，这种划分并不完全正确。例如，哥伦比亚的内瓦多德鲁伊斯火山当时未被列为高危险性火山，但两年之后的喷发使22 000多人丧命。

火山灾害的评价包括利用识别高危险性火山的资料，同时考虑喷发物类型及特征和分布规律等方面的信息，以重建火山过去的喷发行为来评价其未来喷发的潜在危害。

火山灾害评价的可靠性取决于地质资料的质量和丰富程度以及所用资料的完整性，时间序列越长，所得评价结果越可靠。

目前，科学家们在某些高危险性火山地区开展了火山灾害评价和分区制图工作，为预报火山喷发、减轻火山灾害损失提供了翔实可靠的资料。

火山活动监测

系统的火山监测工作始于20世纪初，1912年夏威夷火山观测台（VHO）在基拉韦厄破火山口北缘建立。目前，美国、日本、意大利、法国、英国等火山活动多的国家都建立了较为系统的火山监测站。

完好的火山监测记录表明，绝大部分火山喷发之前或喷发期间都可测量到地球物理场或地球化学场的变化。火山监控可以提供预报喷发的基本资料，而长期预测则主要以火山喷发的长期记录为依据。目前在火山的地球物理和地球化学监测中，地震和地形变是最广泛使用的常规检测方法。其他的一些地球物理方法有地磁、地电、重力、遥感和热辐射等。通过多种手段的综合监测和系统分析对于预测火山喷发具有重要的意义。

（1）地震定位

地震和火山喷发均能够产生地震波，而某些类型的地震波（S波）不能在液体中传播。科学家们利用这一事实来研究火山下面岩浆的分布。利用控制爆炸法在火山的一个侧面进行爆炸产生地震波，在火山的另一侧面通过地震记录仪记录爆炸产生的地震波。如果在地震波的传播途径中有液体存在，S波将被阻挡，形成所谓的阴影带。重复这一方法，就能勾画出岩浆体的形状并监测岩浆体位置的变化。

计算机技术的发展使地震监测可以快捷精确地进行岩浆的地震定位。使用地震反射波和折射波探测岩浆房位置和岩浆活动，已成为火山地震学和火山监测的主要方法。美国在加利福尼亚州圣弗朗斯科的长谷破火山口下方发现了岩浆体，堪称地震波检测岩浆体的一个典型例子。

（2）地形变测量

地形变测量被认为是仅次于地震监测的最重要的地球物理方法。利用计算机进行数据收集和分析处理，地形变连续监测的精度已得到提高。激光测距仪、高精度倾斜仪、钻孔式体积应变仪、蠕变仪、卫星定位系统（GPS）和航空测量等先进的技术手段已广泛应用于监测火山地区的地面变化和应力应变状态。

（3）地电测量

地球具有天然的弱电场，下部岩浆体的变化可能引起岩石电阻率的改变。日本东京大学地震研究所使用人工电流对大岛火山电阻率进行测量时，发现1986年11月喷发前后在中央火山锥和外围广大区域内电阻率发生了显著变化。

（4）地磁观测

岩石中的矿物大多具有天然磁性，磁铁矿是最常见的一种。如果磁铁矿被加热到它的居里点（575℃）以上，其磁场强度将会突然降低。而岩石的熔融温度在800~1200℃之间。如果岩浆体运移到岩石附近，岩石很可能被加热到它的居里点以上，岩石磁场强度也会降低。利用这种热磁效应以及压磁效应而导致的地磁异常变化，可进行火山活动的监测。

（5）地球化学方法

利用地球化学方法来测量火山的气体释放和温度变化也被广泛用于火山活动监测。地球化学方法测量和研究对象有火山挥发物、地下水和土壤中各种气体成分和含量、地下水和喷气孔中的放射性氡气等。1986年伊豆大岛火山喷发前观测到喷气孔化学成分二氧化碳、氢气和二氧化硫等的变化，对预报伊豆大岛火山的喷发提供了重要依据。

火山喷发预报

火山喷发预报的许多判别因素在火山监测过程中就已经被确定下来了。监测对预报有两方面的好处：一是使科学家们能够得知岩浆在火山“管道”系统中的分布和运动；二是能够及时探测前兆并确认异常现象，这些异常前兆现象表征了火山内部活动的事件与过程。在绝大多数情况下，没有一种单一的异常前兆足以精确地预报喷发。然而，把多种物理的和化学的异常现象综合到一起，就可能会形

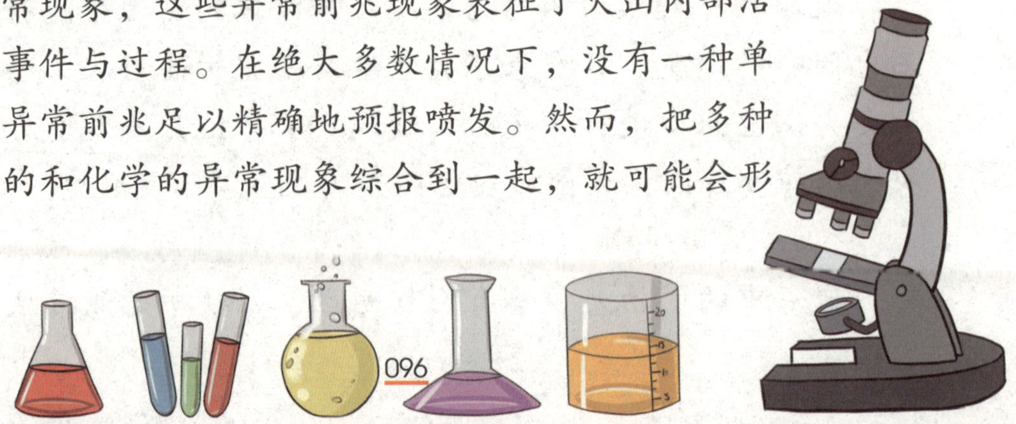

成比较全面而清晰的指示标志来预报即将发生的喷发事件。

确认高风险火山是预报喷发的基础，但这并不能保证完全避免灾害。除了辨别活火山、休眠火山和死火山外，还必须研究火山的活动历史。第一，要确定火山历史上的喷发样式，这对预报活动类型和喷发可能影响的范围是十分重要的；第二，要确定火山喷发的周期，它是准确预报喷发时间的关键。某些火山表现出一定的活动周期，另一些火山则没有周期性或周期性很不明显。因此，目前尚没有一套完善的理论和方法来预报火山喷发。对于不能完全确定的火山喷发，有时还会出现预报失误。

1976年位于西印度群岛的瓜德罗普岛上的拉索弗瑞尔火山异常活动历时一年之久，包括地震、气爆和降尘。火山学家们预测该火山可能发生大爆发，火山周围约7.2万人撤离了危险地区。半年后，专家们预报的火山大喷发并没有发生。全岛1／5人口的搬迁付出了昂贵的经济代价并产生了巨大的社会影响。

1980年，美国圣海伦斯火山喷发之前一直处于密切的监视之下，科学家们对其喷发的时间和规模做出了较准确的预报。然而，由于在大喷发之前没有任何异常现象，政府还是存在疑虑。结果侧向的火山喷发还是使57名进入危险地带的游客和撤离不远的老人死亡。但如果允许当地居民和游客自由进入危险区的话，死亡的人数可能在千人以上。

火山地区土地利用规划

土地利用规划在减灾中扮演着重要的角色。通过对火山活动情况的长期观测及区域地质条件和地形地貌的分析研究，划分出火山灾害危险区并提出限制性开发的措施是避免火山灾害的有效途径。以往的火山喷发事件需要精确的地质测年技术，如14C法、树木年轮法、地衣测年法和热释光法等。火山灾害图能够使人们得知过去的喷发事件所影响到的范围，它是土地利用规划的基础性图件。

圣海伦斯山是美国卡斯德山脉的一座活火山，历史上发生过多次喷发。研究人员在1980年大喷发之前根据火山喷发物的堆积范围绘制了火山灾害分带图，图中标出了熔岩和火山泥流的影响范围。这种分带图是制定火山周围的土地规划的重要参考图件。

与工程有关的减灾对策

火山喷发是不可控制的，但采用工程措施可以减轻、缓和灾害的影响。目前，大部分的工程对策与减轻火山碎屑流流动过程引起的灾害有关。改变熔岩流方向以减轻火山灾害的方法比其他工程措施更受青睐。除此之外，就是增强建筑物的抗灾能力。

（1）阻隔熔岩流和火山泥流

熔岩流流动速度相对较慢，人们通过实施某种工程措施

能够改变其流动方向或阻止其向前流动。1669年西西里岛的人们最早采取措施试图阻挡熔岩流的流动。当时人们用铁板来阻挡从埃特纳火山涌来的熔岩流，以免进入卡塔尼亚城，但在熔岩流的侧翼形成了一个分支而流向另一个方向。改道后的熔岩流使另一个村庄受到威胁，这种做法以失败而告终。1881年，夏威夷人为了保护希洛城也曾尝试过阻挡熔岩流的前进。阻挡或转移熔岩流流动的方法主要有爆破法、筑堤法和冷却法。

①爆破法。爆破法可在下列情形下使用：第一，爆破熔岩流的侧缘使其产生一个“决口”而形成支流，引导一部分熔岩流流向另一个方向。第二，爆破火山口的火山锥，使液态熔岩向四周扩散而不能汇聚成股状熔岩流，这种方法显然具有很大的冒险性。

②筑堤法。筑堤法就是人工设置障碍物，促使熔岩流转向来保护那些更具价值的财产。这种方法要求具有适宜的地形地貌条件；障碍物必须由具有较强的抗高温、抗冲击性能的材料建成。该方法适合于黏度低、

冲撞力较小的熔岩流。

③喷水冷却法。喷水冷却法在1960年夏威夷的基拉韦厄火山喷发时首次采用。1973年冰岛黑迈的埃尔德费尔火山喷发时，当地居民为保护维斯曼城也采取了这种方法。据估计，1立方米的水在完全转化为水蒸气时能把0.7立方米的熔岩由1 100℃冷却至100℃。水泵把大量的海水抽送到熔岩流的前锋，有效地冷却了每天涌来的（6×10^4）立方米的熔岩。喷水过后，前面的熔岩慢慢冷却成20米高的固体墙。这种办法虽然代价昂贵，但收效显著。

对于火山泥流，同样可以采用以上类似的方法来减轻损失，但这些方法只适用于能够事先确定火山泥流流动途径的地区，对于局限在河谷中破坏性强的干流则不适用。在印度尼西亚的某些村镇筑起了土石堆来暂时阻挡火山泥流，以便

人们有足够的时间到达高处的安全地带躲避灾难。但是，这种措施仍需要有效的应急预警组织系统与之配合。

减轻火山泥石流灾害的另一措施就是切断火山泥流的水体来源，而火山口湖是形成火山泥流最大、最常见的供水水源。1919年，爪哇克卢特火山喷发使火山口湖泄出（$3\,850\times10^4$）立方米的水体，由此而形成的火山泥流夺走了5 000人的生命。为了避免类似灾难的重演，工程师们设计了一系列虹吸式隧道使火山口湖的蓄水量由（$6\,500\times10^4$）立方米减少到（300×10^4）立方米。1951年，该火山以同样的规模再次喷发，结果却没有发生火山泥流。

（2）增强建筑物抗灾能力

从空中落下的火山碎屑物可能会导致强度不高的建筑物坍塌，从而造成人员伤亡和财产损失。

1991年，菲律宾皮纳图博火山喷发后，距火山25千米的安赫莱斯城降落的火山灰厚度达8~10厘米。这座有28万人的城市中，近10%的房屋屋顶坍塌。

增强建筑物抵抗能力的唯一方法就是制定房屋结构设计和屋顶建筑材料的规范，对现有的建筑进行加固改造，新建建筑物优先选择强度高、坡度大的屋顶结构。

火山灾害应急管理

火山灾害应急管理在应付火山灾害危机中起着关键的作用。但目前这一减轻火山灾害的重要措施还未能引起足够重视。这是由于相对于人类寿命而言，火山喷发的频度比其他灾害相对低得多。

某些火山从开始出现异常前兆现象到大爆发要持续几个月甚至更长的时间，有些火山则仅有几个小时。因此，为了保障危险区人员的生命安全，让他们熟悉撤离路线和可以避难的藏身之处是至关重要的。在某种程度上，撤离方向具有

一定的灵活性，它决定于爆发规模、熔岩流动方式、喷发时的主导风向等因素。

用于撤离的道路必须保障畅通，特别是在人口密度大的地区更是如此。然而，一些道路会因地震引起的地面塌陷而被阻断；坡度较大的公路可能因细粒火山灰降落而出现车轮打滑的现象，在制定撤离路线时必须考虑到这些因素。

对于躲在避难所的人们，则需要提供食物、饮水、帐篷、医疗和卫生保健等项服务。由于火山灰使空气质量极度恶化，致使患呼吸道疾病的人数剧增，必须有足够的药品供应。

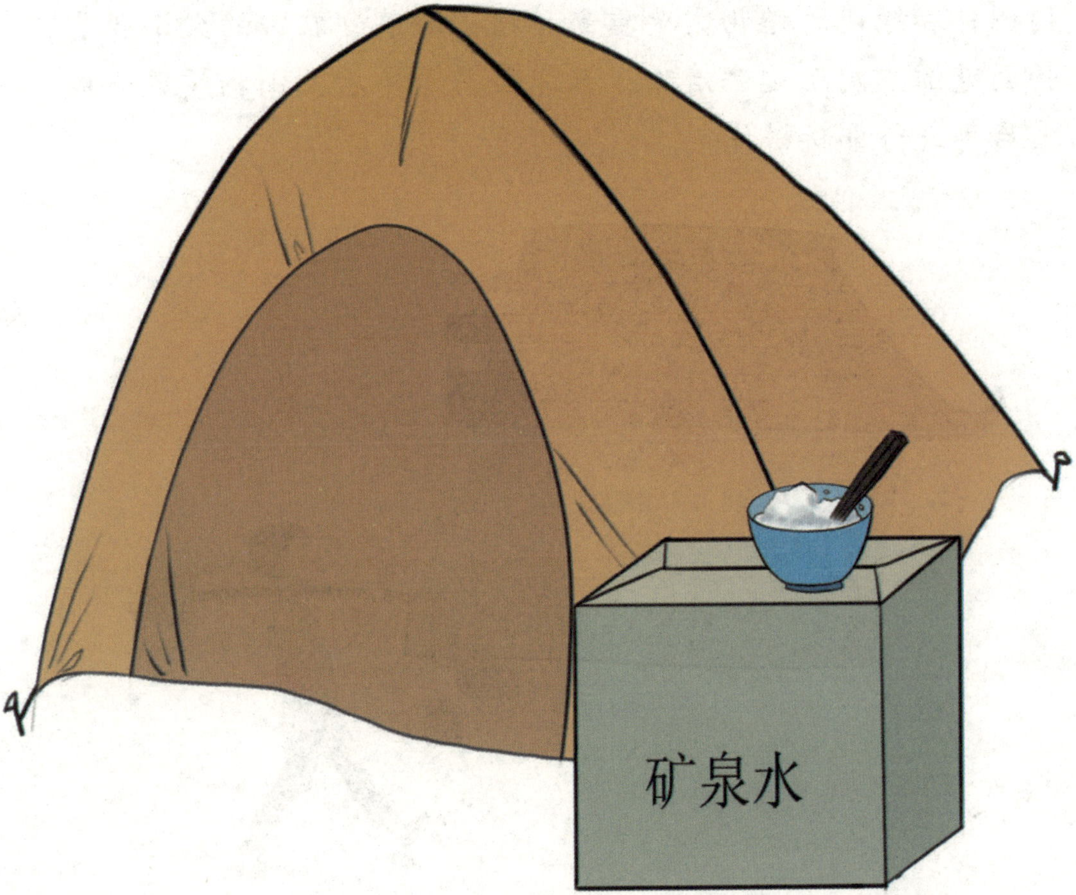

灾后援助与重建

灾后援助对于遭受火山灾害的人们来讲也是非常重要的。火山活动的特征之一是持续时间长，可能在几个月的时间内反复喷发。这就意味着灾民需要较长时间的援助。如印度尼西亚伽伦甘哥火山在连续6个月的时间内喷发了29次。在最初的3个月，政府对灾民的援助显得混乱而无计划；在印度尼西亚红十字会制订了完善的食品援助计划后，援助工作才进行得比较顺利。

对于遭受火山灾难的人们来说，重建家园更是一项艰苦而长期的工作。降落到城区内的火山碎屑物必须清除；市区内园林和绿地的植物需要重新移植；降落到农田的火山碎屑物因范围广阔而无法清除，只能等若干年后火山物质风化成壤后再进行重新耕作。

第五章

地球上的火山

世界各地几乎都有火山分布，近10 000年来有过喷发活动的火山达1 500多个，根据近几十年的观测记录，平均每年约有50次火山喷发，这些喷发有的发生在陆地，有的发生在海洋。

在本章中，我们将详细介绍地球上火山的分布及著名的火山公园等。

冰岛火山湖

1.全球的火山分布

据统计，全世界已知的死火山约有2 000座，活火山有500多座（近400年里曾经爆发过的）。其中陆地上有455座，海底有68座。

火山众多，但其分布并非杂乱无章，而是存在着一定的规律。很多学者根据板块构造理论建立了全球火山模式，认为大多数火山都分布在板块边界上，少数火山分布在板块内。分布在板块边界的火山构成了四大火山带，即环太平洋火山带、大洋中脊火山带、东非裂谷火山带以及阿尔卑斯—喜马拉雅火山带。

环太平洋火山带

环太平洋火山带，南起南美洲的科迪勒拉山脉，转向西北的阿留申群岛、堪察加半岛，向西南延续的是千岛群岛、日本列岛、琉球群岛、台湾岛、菲律宾群岛以及印度尼西亚群岛，全长4万余千米，逐一形成向南开口的环形结构造系。

环太平洋火山带也称环太平洋火山环，有活火山512座，像我国的台湾就在这条火山带上，号称“火山之国”的萨尔瓦多也在这条火山带上。

南美洲的科迪勒拉山系安第斯山南段有30余座活火山，北段有16座活火山，中段的尤耶亚科火山海拔6 723米，是世界上最高的活火山。再向北为加勒比海地区，沿太平洋沿岸分布着奇里基火山、伊拉苏火山、圣阿纳火山和塔胡木耳科火山。

北美洲有活火山90余座，著名的有圣海伦斯火山、拉森火山、雷尼尔火山、沙斯塔火山、胡德火山和散福德火山。

在阿留申群岛上最著名的是卡特迈火山和伊利亚姆纳火山。在堪察加半岛上有经常活动的克留契夫火山。

分布在日本列岛的著名火山，如浅间山、岩手山、十胜岳、阿苏山和三原山都是多次喷发的活火山。

琉球群岛至我国台湾省有众多的火山岛屿，如赤尾屿、钓鱼岛、彭佳屿、澎湖岛、七星岩、兰屿和火烧岛等，都是新生代以来逐渐形成的火山岛。

火山活动最活跃的是菲律宾至印度尼西亚群岛的火山，如喀拉喀托火山、皮纳图博火山、塔匀火山、坦博拉火山和小安的列斯群岛的培雷火山等，近代曾发生过多次火山喷发。

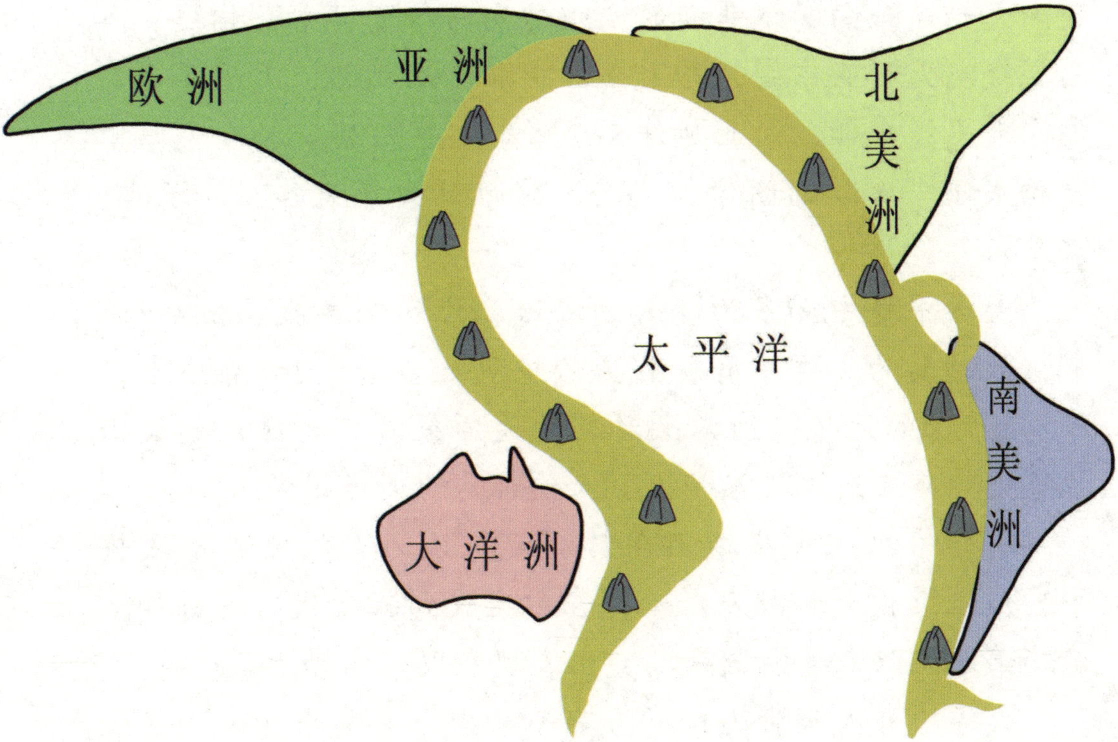

环太平洋带火山活动频繁，据记载，在全球喷发的火山中，这里占80%。主要发生在北美、堪察加半岛、日本、菲律宾和印度尼西亚。印度尼西亚被称为“火山之国”，南部包括苏门答腊、爪哇诸岛一带，有火山近400座，其中有129座是活火山，这里仅1966年至1970年5年间，就有22座火山喷发，此外海底火山喷发也经常发生，致使一些新的火山岛屿露出海面。

环太平洋火山带的火山岩主要是中性岩浆喷发的产物，形成了钙碱性系列的岩石，最常见的火山岩是安山岩。

大洋中脊火山带

大洋中脊在全球呈“W”形展布，从北极盆穿过冰岛，到南大西洋，向南绕非洲的南端转向与印度洋中脊相接。再向南绕澳大利亚东去，与太平洋中脊南端相邻，太平洋中脊偏向太平洋东部，向北延伸又进入北极区海域，整个大洋中脊构成了“W”形图案，成为全球性的大洋裂谷，总长8万余千米。

大洋中脊中部多为隆起的海岭，比两侧洋底高出2~3千米，故称其为大洋中脊，在海岭中央又多有宽20~30千米，深1~2千米的地堑，所以又称其为大洋裂谷。大洋内的火山就集中分布在大洋裂谷带上，人们称其为大洋中脊火山带。

科学家根据洋底岩石年龄测定，认为大洋裂谷形成较早，但张裂扩大和激烈活动是在中生代到新生代这一时期，尤其第四纪以来更为活跃，突出表现在火山活动上。

大洋中脊火山带火山的分布不均匀，多集中于大西洋裂谷，北起格陵兰岛，经冰岛、亚速尔群岛至佛得角群岛，该段长达万余千米。据有关资料记载，大西洋裂谷仅有60余座活火山。

在大西洋裂谷中，著名的活火山有海克拉火山，从1104年以来有过20多次大的喷发。拉基火山于1783年的一次喷发为人们所目睹，从25千米长的裂缝里溢出的熔岩达12千米以上，熔岩流覆盖面积约为565平方千米，熔岩流长达70多千米，造成了重大灾害。1963年在冰岛南部海域发生了火山喷发，这次喷发一直延续到1967年，产生了一个新的岛屿——苏特塞火山岛，该岛高出海面约150米，面积达2.8平方千米。6年之后，在该岛东北32千米处的维斯特曼群岛的海迈岛火山又有一次较大的喷发。这些火山的喷发，反映了在大西洋裂谷火山喷发的特点。

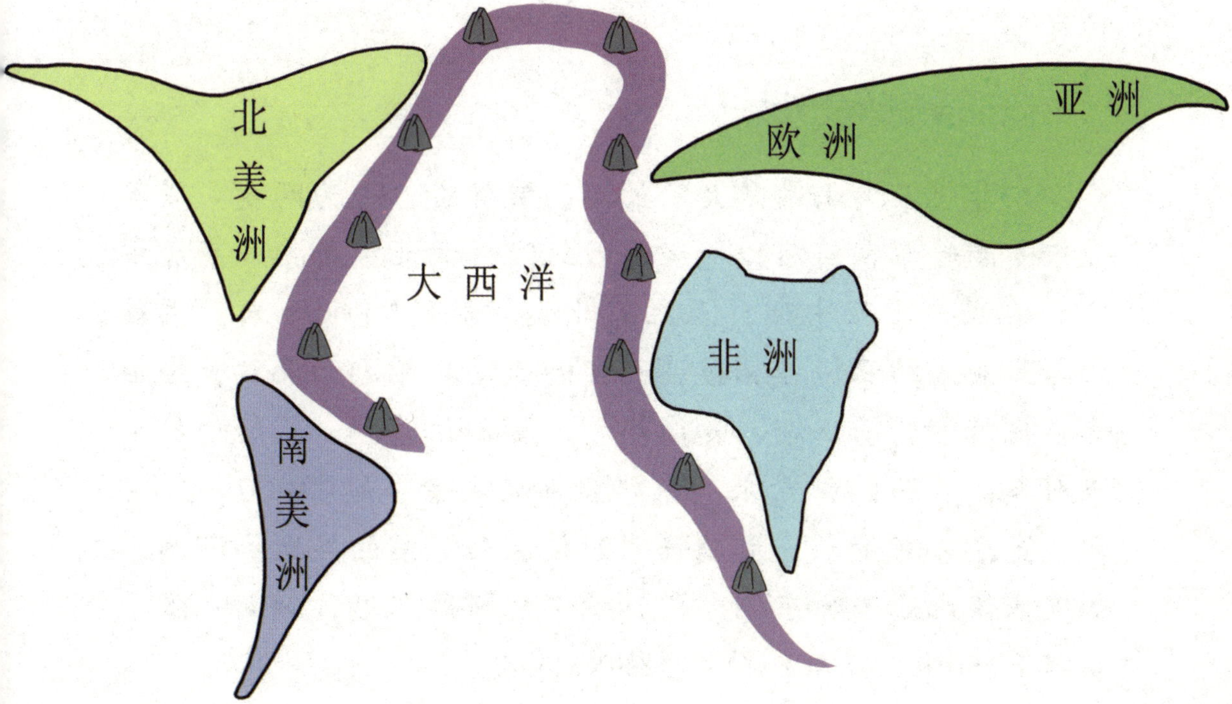

在太平洋中脊，新生代以来的裂隙喷发形成了宽40~60千米、长800千米的玄武岩台地，发现的活火山仅有14座，其活动强度与频度都不如大西洋裂谷火山带。

在印度洋，有三列走向海底的山脉，即海岭，仅有部分火山露出海面而成火山岛屿，如塞舌尔群岛和马尔克林群岛，它们都是现代海底火山喷发形成的。

在大洋中脊火山带以外，仅有一些零散的火山分布，它们以火山岛屿的形式出现，如太平洋海底火山喷发形成的岛屿有夏威夷群岛，即通常所说的夏威夷—中途岛的火山链，有关岛、塞班岛、提尼安岛、帕劳群岛、俾斯麦群岛、所罗门群岛、新赫布里底群岛及萨摩亚群岛等。在大西洋，如圣赫勒拿岛、阿森松岛、特里斯坦—达库尼亚群岛也都是一些火山岛，南极洲的罗斯海中的埃里伯斯火山也属于该种类型。

东非裂谷火山带

东非裂谷火山带是大陆最大的裂谷带，分为两支：裂谷带东支南起希雷河河口，经马拉维湖，向北纵贯东非高原中部和埃塞俄比亚中部，至红海北端，长约5 800千米，再往北与西亚的约旦河谷相接；西支南起马拉维湖西北端，经坦喀噶尼喀湖、基伍湖、爱德华湖、阿尔伯特湖，至阿伯特尼罗河谷，长约1 700千米。东非裂谷火山带一般深1 000~2 000米，宽30~300千米，形成一系列狭长而深陷的谷地和湖泊，如埃塞俄比亚高原东侧大裂谷带中的阿萨尔湖，湖面在海平面以下150米，是非洲陆地上的最低点。

自中生代裂谷形成以来，火山活动频繁，尤其晚期新生代以来更为兴盛。东非裂谷火山带共有活火山30余座。多分布在裂谷的断裂附近，有的也分布在裂谷边缘百千米以外。如肯尼亚山、乞力马扎罗山和埃尔贡山，它们的喷发同裂谷活动也密切相关。

现代火山活动中心集中在三个地区，一是乌干达—卢旺达—扎伊尔边界的西裂谷系，自1912~1977年就有过13次火山喷发，尼拉贡戈火山至今仍在活动；二是埃塞俄比亚阿费尔（阿曼）凹陷的埃尔塔火山和阿夫代拉火山，自1960~1977年曾发生过多次喷发；三是坦桑尼亚纳特龙（坦桑）湖南部的格高雷裂谷上的伦盖火山，自1954到1966年曾有过多次喷发。

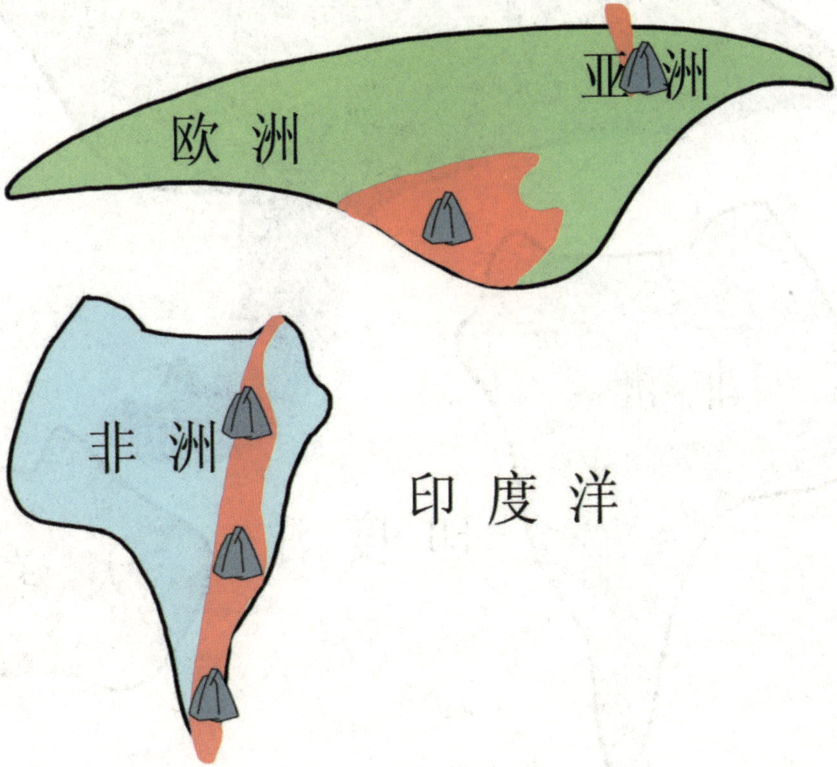

阿尔卑斯—喜马拉雅火山带

该火山带分布于横贯欧亚的纬向构造带内，西起比利牛斯岛，经阿尔卑斯山脉至喜马拉雅山，全长10余万千米。这一纬向构造带是南北挤压形成的纬向褶皱隆起带，主要形成于新生代第四纪。

在阿尔卑斯—喜马拉雅火山带西段，火山活动别具特色，出现了众多世界著名的火山，如意大利的威苏维火山、埃特纳火山、乌尔卡诺火山和斯特朗博利火山等，爱琴海内

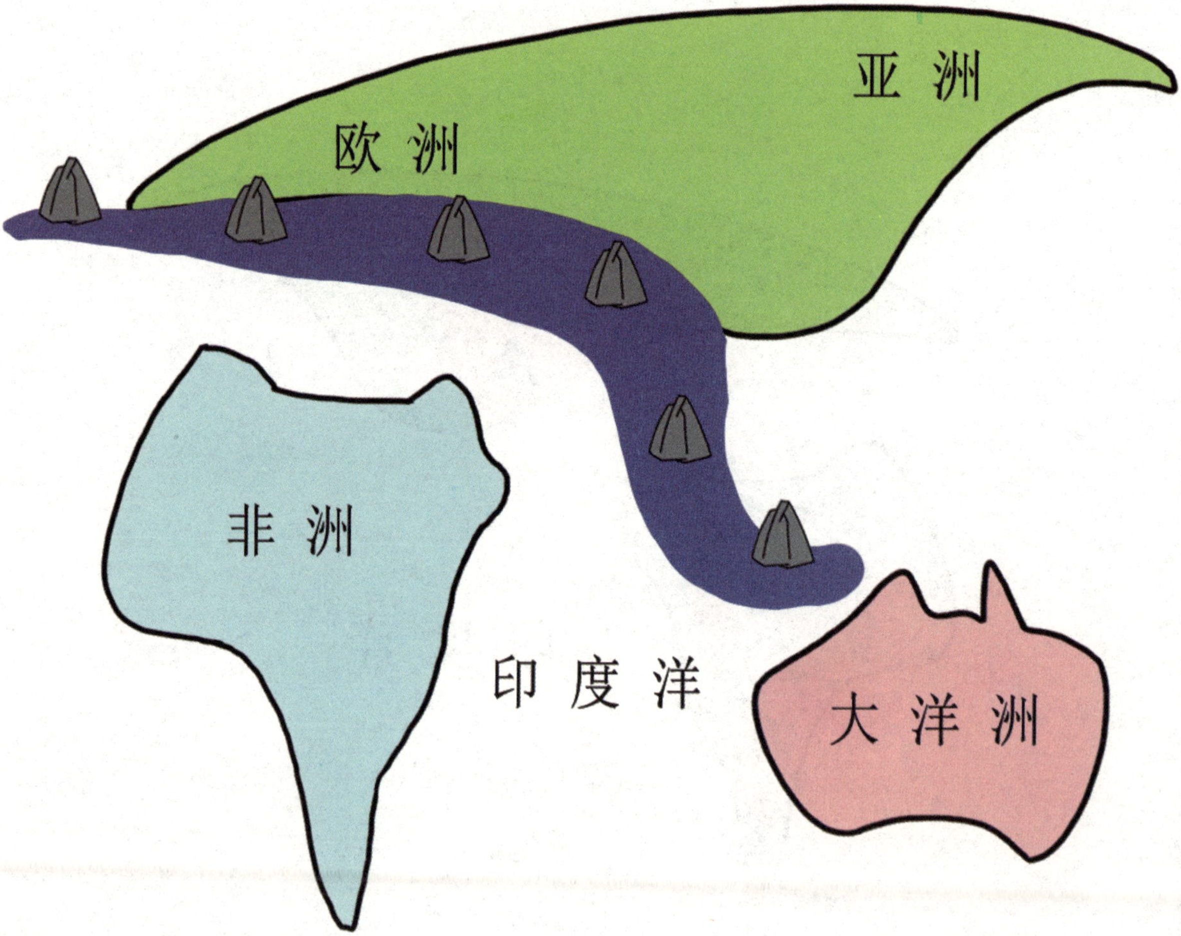

的一些岛屿也是火山岛，活动性强，爆发强度大，特征典型。中段火山活动表现微弱，在东段喜马拉雅山北麓火山活动又加强，在隆起和地块的边缘分布着若干火山群，如麻克哈错火山群、卡尔达西火山群、涌波错火山群、乌兰拉湖火山群、可可西里火山群和腾冲火山群等，共有火山100多座，其中中国的卡尔达西火山和可可西里火山在20世纪50年代和70年代曾有过喷发。

2.我国的火山分布和主要火山群

我国的火山约有660座，其中绝大部分是死火山。它们的分布在成因上与两大板块边缘有关：一是受太平洋板块向西俯冲的影响，形成我国东部大量的火山。另一是受印度板块碰撞的影响，形成了青藏高原及周边地区的火山分布。

活火山和休眠火山主要分布在台湾省、昆仑山区、黑龙江省、长白山和云南腾冲等地。

黑龙江和吉林共有230多座火山，其中著名的有五大连池和长白山。

内蒙古是我国拥有火山数量最多的地区，共有270多座。我国最大的火山群就分布在那里，其中达里火山群的火山多达56座。

台湾省正好位于环太平洋火山带中，是我国火山活动最为剧烈的地方。澎湖列岛、火烧岛、钓鱼岛等都是海底火山喷发而形成的火山岛。台湾省最著名的大屯火山群由10多座海拔千米左右的火山组成。

五大连池火山群

五大连池火山群，其名字源于1719~1721年的火山爆发，堵塞白河而形成5个相连的堰塞湖和周围14座火山锥，故称五大连池火山群。

五大连池火山群位于黑龙江省北部的五大连池市境内，是中国著名的第四纪火山群，属小兴安岭西侧中段余脉。

五大连池火山群的喷发时代，从早更新世到晚更世均有活动。由12座早期火山和2座近期火山组成。即：老黑山、火烧山、药泉山、卧虎山、笔架山、南格拉球山、北格拉球山、西焦得布山、东焦得布山、东龙门山、西龙门山、小孤山、莫拉布山、尾山14座拔地而起的独立火山锥，分布在700平方千米的熔岩台地上，海拔为3 558.8至602.6米不等。

这些火山多数有火山口，火山口深度从几十米到百余米不等；少数具有复合的多个火山口和溢出口，部分火山口形成火山湖。火山锥体坡度一般为10°~20°，少数可达25°~30°。火山口内的坡度一般比火山锥体坡度陡。火山锥体主要由火山碎屑物和玄武岩构成。

最近一次火山爆发而形成的老黑山和火烧山，喷发于1719~1721年，距今约300年，地质地貌保存完好，熔岩流动景象清晰，面积达64平方千米，奇丽壮观。地质专家称其为“天然火山博物馆”。

12座老期火山已被植物覆盖。其中最高的南格拉球山海拔602.6米，山顶有高出地面70多米的火山口天池；龙门山有天然龙门石寨、火山口森林；东焦得布山有熔岩冰洞、火山口风洞；药泉山附近有南饮泉、北饮泉、翻花泉和南洗泉，

是全国著名的冷水碳酸矿泉。

五大连池火山群保存完好的火山口和各种火山熔岩构造，如多层流动单元构造、结壳熔岩构造、渣状熔岩构造、喷气溢流构造、熔岩隧道构造等，以及浩瀚的熔岩海，堪称火山奇观，加上区内特有的兼为饮用与治疗的碳酸泉，使其成为旅游观光和治病、疗养的著名火山风景区。

吉林长白山天池火山

长白山是古夏大陆的一部分，是一座休眠火山。由于其独特的地质结构，形成了不同于其他山脉的奇妙景观。主峰海拔2 691米，海拔在2 500米以上的山峰就有16座，天池是长白山最为著名的景观。

大约在6亿年以前，这里是一片汪洋大海，从古生代到中生代，地球经历了加里东海、燕山和喜马拉雅造山运动后，海水从这片几经沧桑的古陆上退走了。长白山区的地壳发生了一系列的断裂和抬升，地下流出的玄武岩浆液，沿着地壳裂缝大量喷出地面，于是揭开了长白山火山喷发的序幕。

长白山火山有过多次喷发也有过长时间的间歇，从16世纪开始到现在，曾分别在1597年的8月、1688年的4月和1702年的4月，有过3次喷发。最后一次距今大约300年。长白山火山喷发的物质堆积在火山口周围，使长白山山体高耸成峰，形成同心圆状的火山锥体。山顶上堆积了灰白色的浮石、火山灰，加上常年堆积着白雪，从远处望去，就是一座白雪皑皑的山峰，长白山也因此而得名。

1997年中国地震局在长白山天池火山区开始了监测和研究工作。经过几年的研究，专家们认为，长白山是一个休眠火山，虽然休眠了300年，但世界上休眠数百年再次喷发的火山并不少见。地球物理探测表明，长白山天池下方有地壳岩浆囊存在的迹象，具有再次喷发的危险，其喷发形式为爆炸式，由于天池内积蓄着20亿吨水，其喷发具更大的破坏性。

从目前的观测结果看，尚未发现火山复苏的征兆，人们可放心地尽享大自然赐予长白山天池的丰富资源和优美景观。

云南腾冲火山群

云南腾冲火山区地处世界瞩目的阿尔卑斯—喜马拉雅地质构造带之印度板块和欧亚板块急剧聚敛的结合线上的云南腾冲县，其地下断层非常发育，岩浆活动也十分剧烈，为我国著名的火山密集区之一。境内分布着大大小小、高高矮矮的火山，构成了一个庞大的火山群景观。

据科学工作者考查，位于腾冲县城北10千米的打鹰山是“火山之冠”，海拔2 714米，相对高度640多米，火山口直径为300米，深100多米。在县城西北10多千米的马站村附近，黑空山、大空山火山群自北向南呈一字形排列，间距均在1 000米左右。区内共有休眠期火山97座，其中火山口保存较完整的火山达23座。区内火山类型多样，火山堰塞湖、火山口湖、熔岩堰塞湖瀑布、熔岩巨泉等景观十分丰富，构成

了中国规模最大的休眠天然火山博物馆。

如果旅客漫步到火山口附近，还可以捡到灰、红、黑等颜色的火山石作纪念。这种火山石的比重很轻，一个人可以轻轻地举起很大的一块，投入水中还不会下沉。人们所说“石沉大海”的自然规律，在这里并不灵验。

黑龙江镜泊湖火山

镜泊湖火山位于黑龙江镜泊湖西北约50千米处，在张广才领海拔1 000米的深山区。镜泊湖火山是爆发过的休眠火山。经千万年沧桑变化，如今已经成为低陷的原始林带。

黑龙江镜泊湖火山共有13个火山口，均为复式火山，其中火山口森林地区包括火山口森林火山、大干泡火山、五道沟火山、迷魂阵火山等4个复式火山。这些火山主要是由火山弹、岩饼、火山渣、浮岩、火山砾、火山砂等火山碎屑岩和熔岩组成的火山锥体，熔岩分布于火山口周围，大量填充于河谷。

可可西里火山区

可可西里火山区是分布在新疆南部、西藏北部、青海西南部一带的新生代火山岩区。经1976年以来的青藏高原、可可西里等考察和区域地质测量，以及航空照片判读，共发现不下于10个火山群。

①泉水沟火山群，位于新疆阿克塞钦湖东北约40千米，临近昆仑山脉南麓，可能有4个火山锥和一片熔岩被。

②乌鲁克库勒火山群。

③普鲁火山群，出露于新疆于田县西南约70千米的普鲁村北8~12千米的克里雅河两岸，熔岩流可见两层，上层厚15~20米，下层厚5~7米，中央有2~4米的古河床堆积。

④黑石北湖火山群。

⑤黄羊岭火山群，位于黑石北湖火山群东北，乌孜塔格山南麓。从航空照片上可看出，火山体沿山麓一字排开，并可见到明显的火山锥、火山口。

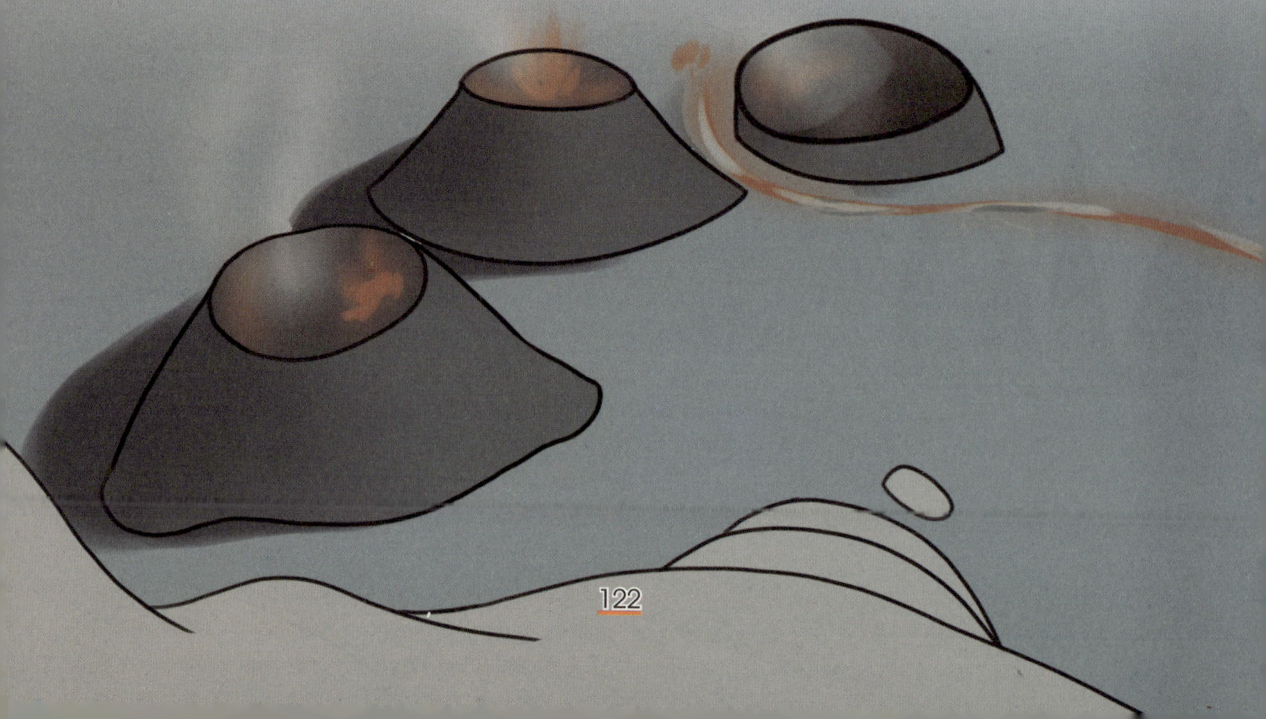

⑥巴毛穷宗火山群，位于藏北高原腹地，为一片面积达300平方千米的熔岩被，由于受强烈剥蚀，形成熔岩桌状山；有两个火山锥，北者高163米，南者为182米。

⑦喀拉木兰山口附近火山群，在山口西南有涌波错、振泉错、强巴欠日3处熔岩被。后者面积达114平方千米，厚约200米。

⑧玉液湖火山群，为大片熔岩被。

⑨冬布勒山火山群。

⑩米提江占木错火山群，位于青海省西南角，湖区北部为大片熔岩被，所占面积近4 000平方千米，为含透长石的玄武岩、安山岩，厚400米。

大屯火山群

巍峨壮丽的大屯火山群位于台湾省北部，北临太平洋，南接竹东丘陵，西南与台北盆地相连，面积430平方千米，地域覆盖了台北市和台北县。

大屯火山群地处“太平洋火山圈”上，是台湾最著名的火山区。大屯火山群是台湾火山地形保存最完整的地区，它像一部地质百科全书，记录了台湾数百万年来大自然的沧桑变迁。

大屯火山群是由火山反复喷发而形成的。火山群范围南至台北盆地北缘，北至富贵角、石门和金山一带海岸，东至基隆市西，西至淡水河口附近，其中海拔逾千米的山峰有29座。大屯火山口直径360米，深60米，雨季积水成湖，旧有“天池”之称。其东北的小观音山火山口最大，东西宽1 100米，南北长1 300米，深达300米。各火山属于死火山，已无喷发活动，但多硫气孔和温泉。

大屯火山群形成于280万~20万年前之间，属于比较年轻的火山群。根据地质学的板块构造学说，台湾省位于欧亚大陆板块和菲律宾海板块的交接处，这两大板块曾经发生了剧烈的推挤，地质学称之为板块隐没带。280万年前，大屯火山区正好处于板块隐没带上方，岩浆顺着断裂的缝隙喷涌出来，形成了惊天动地的火山爆发。这一地区的火山爆发持续了200多万年，直到20万年前才停止，共造出20座火山，形成了范围广大、地形变化丰富的大屯火山群。

大屯火山群由七星山、大屯山、竹子山、观音山等20座火山组成，是我国火山最密集的地区。七星山位于中央位置，海拔1 120米，是大屯火山群的最高峰。站在七星山山顶，可以环视四周的火山群峰，辨认各座火山的特殊山貌。

喷出地面的岩浆冷凝后，堆积成一座座火山体。大屯火山群的火山体可分为两类。第一类是锥形火山，由喷发的熔岩和碎石堆积而成，通常高峻、陡峭、雄伟。大屯火山群中的大部分火山都是锥形火山，七星山是这类火山的代表。第二类是钟形火山，它是由黏度大、流动慢的熔岩堆积而成。因为熔岩流动缓慢，所以堆积较为低缓，火山外形似钟状，位于大屯山南侧的面天山是这类火山的代表。

大同火山群

大同火山群是我国第四纪火山群之一。目前已知的有30多座，主要分布于大同盆地东部，可以划分为东、西、南、北4个区。

①东区指瓜园、神泉寺一带，有肖家窑头、峨毛疙瘩等6座。

②南区在桑干河与六棱山之间，包括大峪口、西窑等5座，是因玄武岩流沿断裂喷出而成。

③西区是大同火山群中最为集中和较复杂的一区，黑山、金山、马蹄山、阁老山等15座属之。其中，黑山规模最大，狼窝山范围最广。

④北区以大同市北的孤山为代表，包括位于其西南的6座小火山。孤山形似面包，海拔1 182米，兀立于御河谷地中。

根据火山的外部形态特征，可将这些火山分为4类。

①穹隆状的，由玄武岩流组成，没有火山口，如孤山和峨毛疙瘩等。

②壳状的，由玄武岩组成，如肖家窑头火山和大辛庄火山等。

③半圆形的，系火山喷发物沿山前裂隙喷出，依山坡流动而成。

④马蹄状的，由玄武岩流、火山碎屑互层组成，火山形成后，流水切穿火山口，形如马蹄状，如东坪山、金山等。

上述除马蹄形火山已被冲刷切穿外，其余的仅在锥体四周有窄而浅的沟谷，说明火山地貌还处于侵蚀初期。

由火山喷发物与上覆下伏地层接触判断，大同火山群是上新世末、晚更新世马兰黄土堆积之初多次活动的产物，最早活动的是北区、东区，南区次之，西区最新。

龙岗火山群

龙岗火山群位于吉林省靖宇县和辉南县境，有170余座火山，除8个火山口湖外，其余为火山渣锥。火山群东西长70千米、南北宽20千米，总面积约1400平方千米。火山锥共有160多个，一般海拔800米。

自新生代以来，龙岗火山群共有7次重要的喷发活动。最早一次为上新世，喷出船底山玄武岩，厚达600米；第二次为早更新世早期，喷出巴厘玄武岩，厚仅80米；第三次在早更新晚期，称小椅山玄武岩，组成龙岗火山群的玄武岩台地；第四次喷出大量熔渣锥；第五次喷发于晚更新世，为一厚度不超过2米的新开岭火山渣层；第六、第七两次发生于全新世，第六次为四海火山渣层，最后一次喷的是钢灰色玄武岩。

琼北火山

琼北（海南岛北部）地区自新生代以来，计有10期59次的火山喷发活动，形成大小不一、形态各异的火山100余座，火山熔岩分布于海口、琼山、文昌、琼海、安定、澄迈、临高、儋州等8个市县及洋浦开发区，面积约4 000平方千米，是我国历史上火山活动最强烈、最频繁以及持续时间最长的地区之一。

与国内其他火山相比，海南岛火山喷发不仅有陆相喷发（喷发于陆地），还有海相喷发（喷发于海底），因此而成为我国火山类型最多，火山喷发景致最丰富，火山熔岩隧道最长、数量最多的地区。

有的火山呈完整的锥形犹如金字塔（美安镇的美本岭）；有的火山两两相连或单一火山在山顶形成缺裂的火山口，远望形如马鞍（石山镇的马鞍岭）；有的火山口则为玄武岩台地上的圆形凹地，称负火山口（永兴镇的罗京盘）；有的火山口内又形成新的火山而称为复合火山（石山镇的吉

安岭）；有的火山完全由一块一块的岩石堆积而成为集块火山（儋州峨蔓岭）；有的由熔岩喷溢而形成盾状火山（临高多文岭和永兴镇的永茂岭）；有的火山口内呈阶梯状，而底部宽广平坦，犹如赛马场或大型露天演艺广场（永兴镇的雷虎岭）；有的火山口内储水形成火山口湖，并两个相连，犹如一对美丽的眼睛（石山镇的双池岭和好秀岭，为中国少有的玛珥火山）。

火山区内数十条火山熔岩流通道或呈管道状或呈隧道状或为层状或为分叉状，各具特色，而其规模之大、洞中之奇，乃为世界火山区中罕见。

此外，由火山熔岩形成的火山颈、天然井、天然拱桥、断层瀑布、气洞、气管、熔岩钟乳、熔岩墙、熔岩和浮石更是千姿百态、神奇无比。种类多样、千姿百态的火山及火山喷发景观集中于一个地区，且具备良好的自然性、典型性、稀有性、完整性和优美性，这在世界上实属少见，堪称琼北地区最具特色的生态旅游资源。

距离海南政治、经济、文化中心及交通枢纽的海府地区仅约15千米的马鞍岭—雷虎岭火山群是琼北火山区喷发年代最新（距今约1万年）的火山群，在数十平方千米的范围内分布有38座形态完整的火山和30余条火山熔岩隧洞，实属国内外罕见。

更为罕见的是在马鞍岭火山群区，尚保存一片面积约3平方千米的热带原生林，生长有百年以上的古榕树群和原始珍稀植物，以及黄猄、野猪、山鸡、蟒蛇和各种鸟类等国家级保护动物，形成完整的热带生态动植物群落。这里遍地的野花异草点缀其间，焕发出一种枯木逢春的勃勃生机。

火山与森林本来是两种不能同时共存的自然资源，但在范围内的岩溶渣石上却生长了千姿百态的古老树木，丛林覆盖达90%以上，这种奇特的资源景观，是国内比较罕见的风景旅游资源，具有很高的观赏和科研价值。

3.全球著名火山

富士山

富士山被日本人民誉为“圣岳”，是日本第一高峰。位于本州岛中南部，跨静冈、山梨两县，东距东京约80千米，为富士箱根伊豆国立公园的一部分。

富士山海拔3 776米，山底周长125千米，底部直径40~50千米。山体呈圆锥状，山顶终年积雪，山峰高耸入云，山巅白雪皑皑。

富士山顶的火山口地表直径约500米，深约250米。环绕锯齿状的火山口边缘有“富士八峰”，即剑峰、白山岳、久须志岳、大日岳、伊豆岳、成就岳、驹岳和三岳。富士山属于富士火山带，这个火山带是从马里亚纳群岛起，经伊豆群岛、伊豆半岛到达本州北部的一条火山链。

富士山是世界上最大的活火山之一，自1707年喷发以来一直处于休眠状态，但地质学家仍然把它归入活火山之列。

虽然富士山像是一座单锥火山，事实上它是3座相互分立的火山：小御岳、古富士及新富士。其中最年轻的新富士第一次喷发活动约在1万年前，之后继续冒烟，或偶尔喷发。几千年以来，新富士的熔岩及其他溢流岩把两座老火山峰盖住，把山坡扩大到现今的范围，也使山体形成目前的锥形。

富士山北坡有“富士五湖”，自东往西是：山中湖、川口湖、西湖、精进湖及本栖湖，都是熔岩流形成的堰塞湖。最低的川口湖海拔831米，因其平静的湖面上映出富士山的倒影而出名。山区旅游业发达，最大的山中湖（6.4平方千米）是最负盛名的旅游中心。富士山东南是箱根火山森林区，以汤本和强罗两温泉疗养地而著名。富士山区溪流及地下水充沛，有利于造纸与化学工业及农业生产，其他经济活动有养殖虹鳟和乳酪业。

阿苏火山

阿苏火山为世界上少有的活火山，也是“熊火之国”美称的由来。阿苏山位于日本熊本县东北角，由中岳、高岳、杵岛岳、乌帽子岳、根子岳5座火山组成，称为“五岳”，东西宽18千米、南北长约24千米。由北端的大观峰向南望去，可以一览5座外形完整的火山锥，相当壮观。

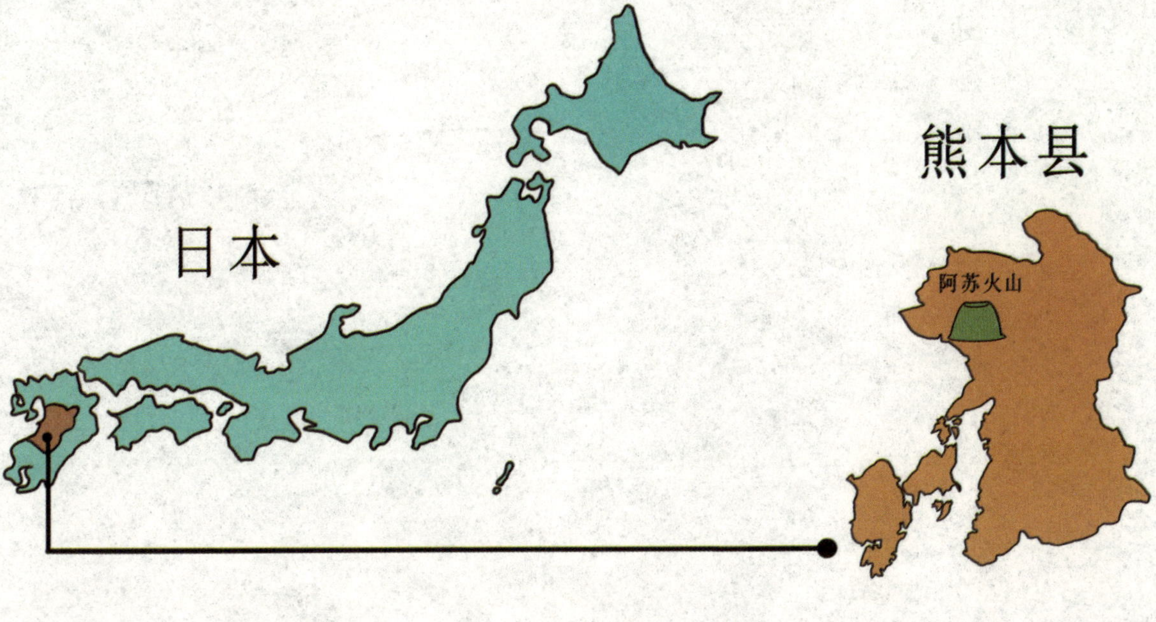

5万年前阿苏火山群结束猛烈的喷发后，火山熔岩覆盖了整个区域，经过多年侵蚀冲刷而形成全世界最大的火山洼地地形。

在日本，第一次有文字记载的火山爆发是在中岳，爆发时间为553年。从那以后，中岳火山已经爆发了167次。中岳火山口直径600米、深度则为130米。滚烫的熔岩温度高达1 000℃，相当炎热，火山口周围寸草不生，与周边高原的一片葱绿形成了强烈对比。

中岳是如今仍然在频繁活动的活火山，不时由火山口喷出浓烟来。海拔1 506米的山顶弥漫着硫黄气味，乘缆道登上山顶可近距离地观看南北长约1千米、东西宽约400米的火山口浓烟翻滚的壮观景象。

据报道，阿苏火山群的热活动级别在逐年上升。如2004年1月14日15时41分，其中一个火山口产生了一个新的“泥爆发”，爆发伴随着火山震动和火山灰的散发。火山灰上升到较低的高度后落在了位于火山口东南东10千米的高森镇。火山的警报级别由2级上升至3级，火山口1千米以内的人口被限制进入。

阿苏火山在历史时期没有产生过熔岩流。只有8次爆发引起了伤亡，大多数伤亡者都是在火山锥边上的旅游者。

拉基火山

冰岛是个多火山之地，岛上共有100多座火山，其中25座在近代喷发过。危害最严重的一次是发生在1783年的拉基火山喷发。

拉基火山是冰岛的南部火山，紧靠冰岛最大的冰原瓦特纳冰原的西南端。

拉基火山是火山裂缝喷发过程中形成的唯一显著的地形特征，现称之为拉基环形山。该裂缝为东北—西南走向，拉基山把它截为接近相等的两部分。拉基山海拔818米，高出附近地带200米。拉基山并未被裂缝完全绽开，在山坡上的裂缝之间只有若干极小的流出少量岩浆的火山口。

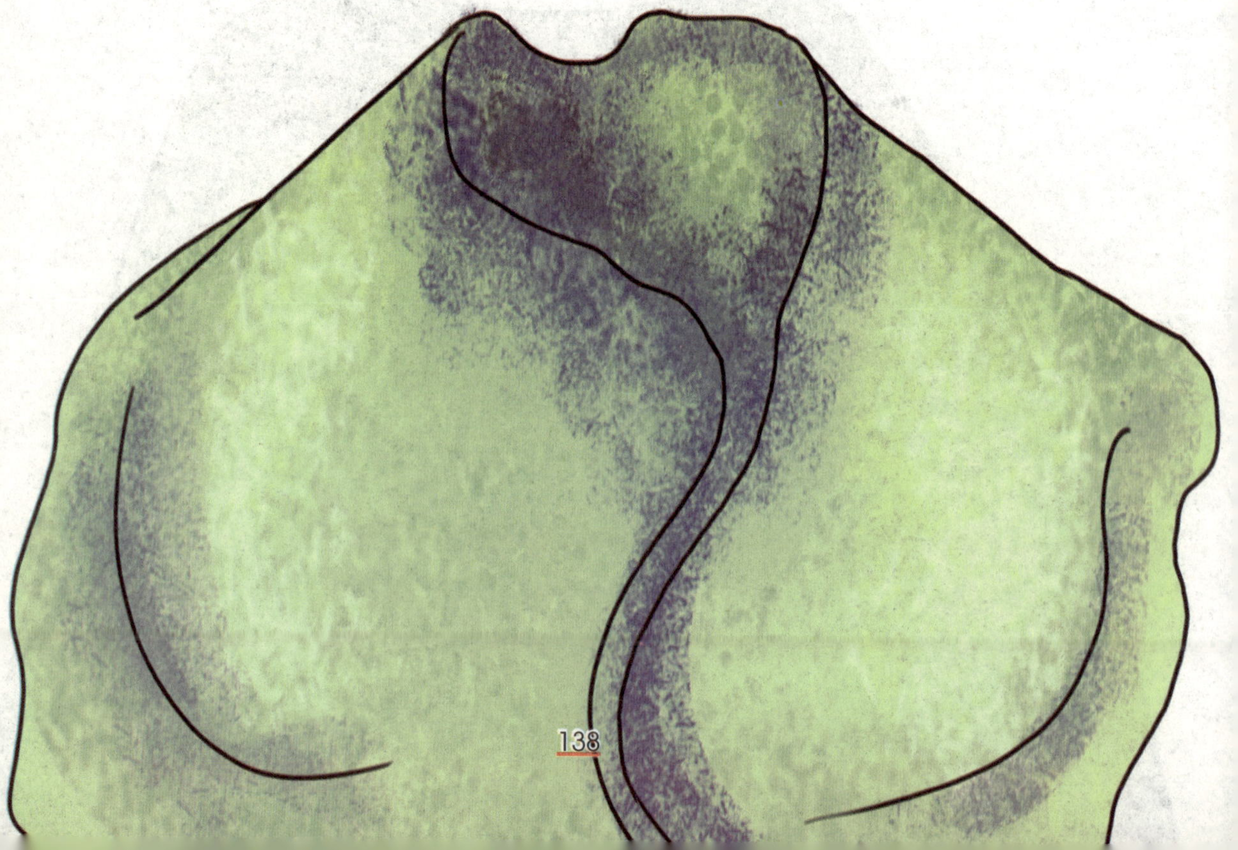

火山喷发于1783年6月8日开始，至7月29日只剩拉基山西南面裂缝还在活动。同日，东北面裂缝开始喷发，其后的喷发几乎全在裂缝的这半边。喷发一直持续至1784年2月初，被认为是有史以来地球上最大的熔岩喷发。普遍认为岩浆喷发量约为12.3立方千米，覆盖面积约达565平方千米。

大量的火山气体造成欧洲大陆大部分地区上空烟雾弥漫，甚至波及叙利亚、西伯利亚西部的阿尔泰山区及北非。释放出的大量硫黄气体妨碍了冰岛的作物和草木生长，造成大量家畜死亡。因烟雾造成的饥荒最后导致冰岛1/5的居民丧生。接着来临的冬季对冰岛人来说是严酷难耐的。他们吃完了储备食品，发生了饥荒，全岛1/5的人口——约9 500人活活饿死。

马荣火山

马荣火山是位于菲律宾吕宋岛东南部的活火山，距离菲律宾首都马尼拉大约500千米，是世界上最著名的活火山之一。

马荣火山是一个活跃的层状火山，也号称是世界上“最完美的火山锥”。它那近乎完美的圆锥形山体，是火山灰和熔岩多次喷发并累积的结果。

菲律宾地理位置恰好处于太平洋的“火山圈”上，火山和地震等现象都非常频繁。在菲律宾，共有22座活火山。马荣火山是菲律宾22座活火山之一。

马荣火山史上有记载的喷发共有47次，第一次记录上的喷发是在1616年。其中，最近一次的喷发是在2009年12月。

最具毁灭性的火山爆发发生在1814年2月1日，熔岩流掩埋了马荣城，造成1 200人死亡，马荣肆虐之后，仅剩市中心

的钟楼，在熔岩覆盖之下的新地表露出头。1993年的爆发夺走了77条人命。

1984年，由于菲律宾火山研究学会的建议，政府事先疏散了居民73 000人，所以这一次喷发没有造成任何伤亡。

现在，马荣火山又开始活跃起来，喷出大量的火山灰和岩浆。科学家认为，马荣火山可能正处于大规模爆发前夕。马荣火山的爆发对当地居民和游客构成了极大的威胁，当地政府要求数万人紧急撤离到安全地区。

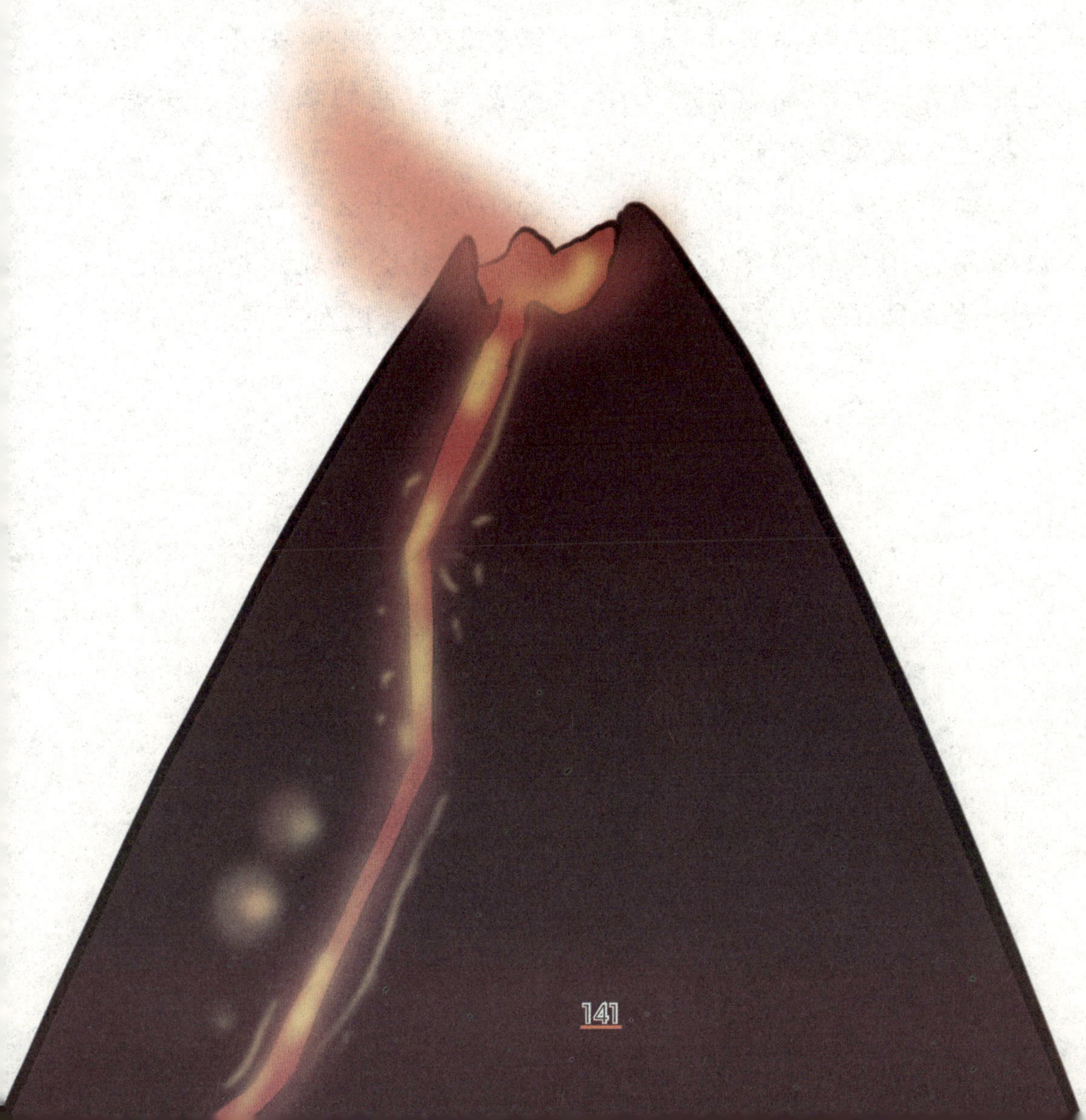

埃特纳火山

埃特纳火山位于意大利南部的西西里岛，海拔高度3315米，是意大利著名的活火山，也是欧洲最大的火山。其下部是一个巨大的盾形火山，上部为300米高的火山渣锥，说明在其活动历史上，喷发方式发生了变化。

由于埃特纳火山处在几组断裂带的交汇部位，一直活动频繁，是有史料记载以来喷发历史最为悠久的火山。其喷发史可以上溯到公元前1 500年，到目前为止已喷发过200多次。

近年来埃特纳火山一直处于活动状态，距火山几千米就能看到火山上不断喷出的气体呈黄色和白色的烟雾状，并伴有蒸气喷发的爆炸声。

粗看起来埃特纳火山与一般的山峰没什么两样，因其海拔较高，山顶还有不少积雪，但仔细看就会发现，地下的火山灰就像铺了一层厚厚的炉渣，凝固的熔岩随处可见。

据当地火山监测站人员观测发现，埃特纳山上还不时地发出沉闷的声响，那是气体喷出的声音。火山的热度通过地表传到游人脚上，只觉得脚底也是温热的。在火山口的侧壁上，还可以清楚地看见一个直径约为两三米的大圆洞，形状很规则，就像是人为挖的洞一样，里面还不时地逸出气体。山上遍布各种大小的喷气孔，硫质气味很浓，喷气孔旁边常有淡黄色的硫黄沉淀下来。山顶上还分布着几条大裂缝，宽20~50厘米，可能是地下岩浆上隆时地表发生变形造成的。这些现象都说明埃特纳火山的活动性是很强的。

意大利的火山活动频繁，相应地，其检测研究水平在世界也位于前列，仅西西里岛就有4个火山监测站，离火山4 000米远的地方设有录像系统，数据通过无线方式传输到中心台站，监测人员每天都要进行数据处理、分析，严密监视3个火山口的活动情况。由于是通过遥控的办法，避免了火山随时喷发给监测人员带来的危险。

维苏威火山

相信很多人会知道，维苏威火山是意大利乃至全世界最著名的火山之一。海拔高1277米，位于那不勒斯市东南、意大利坎帕尼亚的西海岸（北纬40° 49′，东经14° 26′），此处还设有世界上最大的火山观测点。维苏威火山在历史上曾多次喷发，最为著名的一次是公元79年的大规模喷发，灼热的火山碎屑流毁灭了当时极为繁华的庞培古城，其他几个有名的海滨城市如赫库兰尼姆、斯塔比亚等也遭到严重破坏。

最为有趣的是，据记载，1944年维苏威火山再次喷发，从火山顶部的中心部位流出熔岩，喷出的火山砾和火山渣高出山顶200~500米，火山爆发的奇妙景观使得正在山下激战的同盟国军队与纳粹士兵停止了战斗，成千上万的士兵跑去观看这一大自然的奇观。

在过去的500年里，维苏威火山多次爆发，熔岩、火山灰、碎屑流、泥石流和致命气体夺去的生命不计其数。

从高空俯瞰维苏威火山的全貌，会发现它有一个漂亮的近圆形的火山口，这正是公元79年的那次大喷发形成的。维苏威火山并不太高，走在火山渣上面，脚底还会发出沙沙的声音。由于维苏威火山一直很活跃，因此后期形成的新火山上的植被一直没有长出来，看起来有点秃，而早期喷发形成的位于新火山外围的苏玛山上已有了稀疏的树木。

火山口边缘有铁栏杆围着，以防止游人发生意外。站在火口缘上可以看清整个火山口的情况。火口深约100多米，由黄色、红褐色的固结熔岩和火山渣组成。从熔岩和火山灰的堆积情况还可看出，维苏威火山经历了多次喷发，熔岩和火山灰经常交替出现。

尽管自1944年以来维苏威火山没再出现喷发活动，但维苏威火山平时仍不时地有喷气现象，说明火山并未“死去”，只是处于休眠状态。

位于火山附近的古色古香的维苏威火山观测站建于1845年，是世界上最早建立的火山观测站，里面的设施非常现代化。一楼大厅里有展板介绍有关火山的知识，3台触摸式电

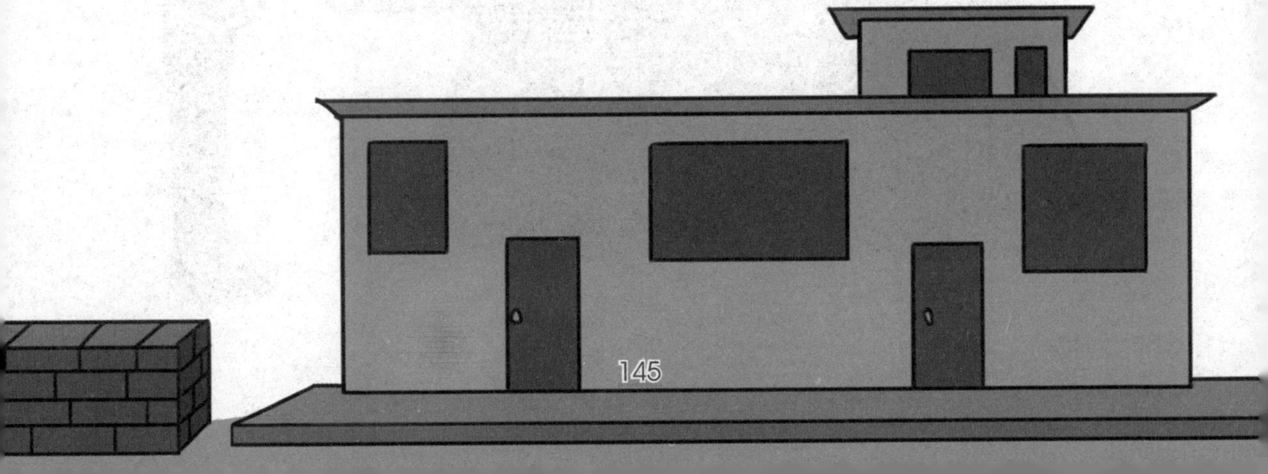

脑可模拟出火山的喷发过程。观测站的一楼和地下一层还建有火山博物馆，陈列着各种形状的火山弹、火山灰等火山喷发物。玻璃柜中还展示着从庞培古城挖掘出来的“石化人”，尽管已看不清面貌，但样子栩栩如生，都保持着死于当时火山喷发时的姿势。

意大利的火山喷发多，民众的防灾意识较强，维苏威火山观测站起到了很好的宣传作用，在周末免费对公众开放。

给我们留下深刻印象的是活火山周围仍居住着上百万的人口，人们并未因火山危险而远离火山，其实只要我们重视对火山的监测和研究，从而掌握火山活动的规律并完善减灾措施，人类和大自然完全可以和睦相处，火山也可以造福于人类。

4.火山公园

火山公园是以观赏火山喷发的奇景为主题的特殊游览区。建立于地壳活动带上，往往以景色壮观、富有刺激性而成为旅游胜地。

如美国夏威夷岛上的国家火山公园中的基拉韦厄火山是世界上最活跃的火山，其火山口形成的熔岩湖经常处于沸腾状态，景色奇幻。每当火山爆发，岛上居民和旅游者会争先恐后地前来观赏。

新西兰北岛的汤加里罗火山公园，以层峦叠嶂的群山和地热奇景著称于世。

哥斯达黎加的博阿斯火山是世界上最大的喷泉火山，是圣约瑟附近最著名的火山游览区之一。

夏威夷火山国家公园

美国夏威夷火山国家公园位于美国夏威夷州的夏威夷岛上，面积929平方千米，主要包括冒纳罗亚和基拉韦厄两座现代活火山。该地区年降水量大约有2 500毫米，生长有热带蕨类树木。1961年被辟为国家公园，1980年成为联合国教科文组织生物圈保护区，1987年被列入《世界遗产名录》。

冒纳罗亚火山是夏威夷第一大火山，海拔4 170米。呈圆锥形，它是从水深6 000米的太平洋底部耸立起来的，从海底到山顶的高度超过1万米，比珠穆朗玛峰还高1 000多米。冒纳罗亚火山约喷发过35次，至今在山顶上还有火山口。火山喷发时，大量熔岩不断地倾泻下来，使得山体日益增大。这座火山的大火山口被称为“莫卡维奥维奥”，意思是“火烧岛”。这个火山口在1984年4月再次喷发，熔岩向夏威夷首府希洛的方向流泻了约27千米。大喷发前在火山上空出现了巨大的热浪，附近的人先看到了滚滚乌云，接着是电闪雷鸣，随即下起了大雨。

基拉韦厄火山坐落在冒纳罗亚火山的东南侧，海拔1 243米。基拉韦厄火山的活动极为频繁，曾经有过30年喷发50次的记录。从1983年初到1984年4月1年多的时间里居然发生了17次火山爆发，最后一次是在2002年。火山爆发的时候，其景象十分壮观。熔岩像喷泉一样翻涌奔腾，四处飞溅。金黄色的巨流像决堤的洪水，有的沿裂缝泻出，有的则从火山口喷出，气势汹涌，势不可挡。最著名的喷发特征是壮观的熔岩抛向空中达90米，最高达503米。

夏威夷火山观测站成立于1912年，就坐落在公园内基拉韦厄破火山口的边缘。观测站在公园管理方面发挥着主要作用。为预测危险的地震活动，人们密切监视着地面变形、气体外溢、电力、磁力和重力场的变化以及熔岩的活动。

新西兰汤加里罗国家公园

新西兰汤加里罗国家公园位于新西兰北岛中央的罗托鲁瓦—陶波地热区南端，占地约40万公顷。汤加里罗国家公园是一个独具特色的火山公园，公园里有15个火山口，其中包括3个著名的活火山：汤加里罗火山、恩奥鲁霍艾火山、鲁阿佩胡火山。这里峰峦叠嶂的群山以及火山活动的奇景，吸引着来自世界各地的游客。

三座火山中最壮观的是瑙鲁霍伊霍火山，呈圆锥形，山坡陡峭，顶部是直径400米的火山口，是十分典型的圆锥形火山。自19世纪30年代以来，瑙鲁霍伊霍火山一直处于活动状态。瑙鲁霍伊霍山的喷发多姿多彩，有时喷出的熔岩顺山坡流淌，改变了火山的形状。爆发也使火山口本身的形状不断发生变化，在主火山口内重新生成次生火山锥。

鲁阿佩胡火山是北岛的最高点，海拔2 796米，火山顶上终年积雪皑皑，是一座只有75万年的“年轻”的活火山。鲁阿佩胡火山在20世纪90年代曾数度爆发，灾情轻重不一。1953年是最严重的一次，滚烫的泥浆冲毁了一列火车，造成火车上153人死亡。

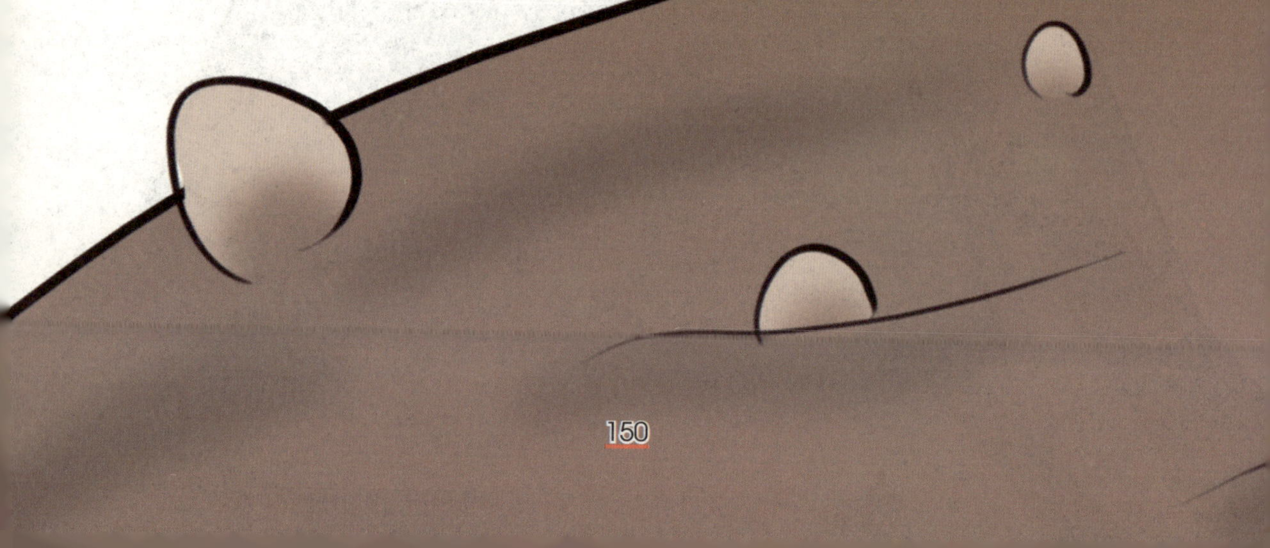

汤加里罗火山海拔约1 980米，峰顶宽广，包括北口、南口、中口、西口、红口等一系列火山口。这里原来归毛利族部落所有，毛利人视汤加里罗火山为圣地。相传，“阿拉瓦”号独木舟首领恩加图鲁伊兰吉曾率领毛利人移居到这里，在攀登顶峰时，遭遇风暴，生命垂危，他向神求救，神把滚滚热流送到山顶，使他复苏，热流经过之地就成了热田，这股风暴名叫汤加里罗，此山因而得名。1887年毛利人为了维护山区的神圣，不让欧洲人把山分片出售，就以这3座火山为中心，把半径大约1.6千米内的地区献给国家，作为国家公园。1894年新西兰政府将这3座火山连同周围地区正式辟为公园，定名汤加里罗国家公园。

汤加里罗国家公园地热资源丰富，沸泉、间歇泉、喷气孔、沸泥塘等遍地可见。这里的沸泥塘也是一大奇观，泥塘

中黄色的泥浆突突沸腾，就像熬稠的米粥。

1990年和1993年联合国教科文组织将东加里罗国家公园作为文化和自然遗产，列入《世界遗产名录》，从而确立了这个地区的自然和文化的重要性。

哥斯达黎加博阿斯火山公园

火山是哥斯达黎加的一大生态旅游景观，哥斯达黎加的国徽上有三座火山，分别代表了伊拉苏火山、博阿斯火山和阿雷纳尔火山。

博阿斯火山位于首都圣何塞东南部57千米，海拔2 900多米，拥有目前世界上最大的活火山口，直径达1 600米，内有上下两个湖。

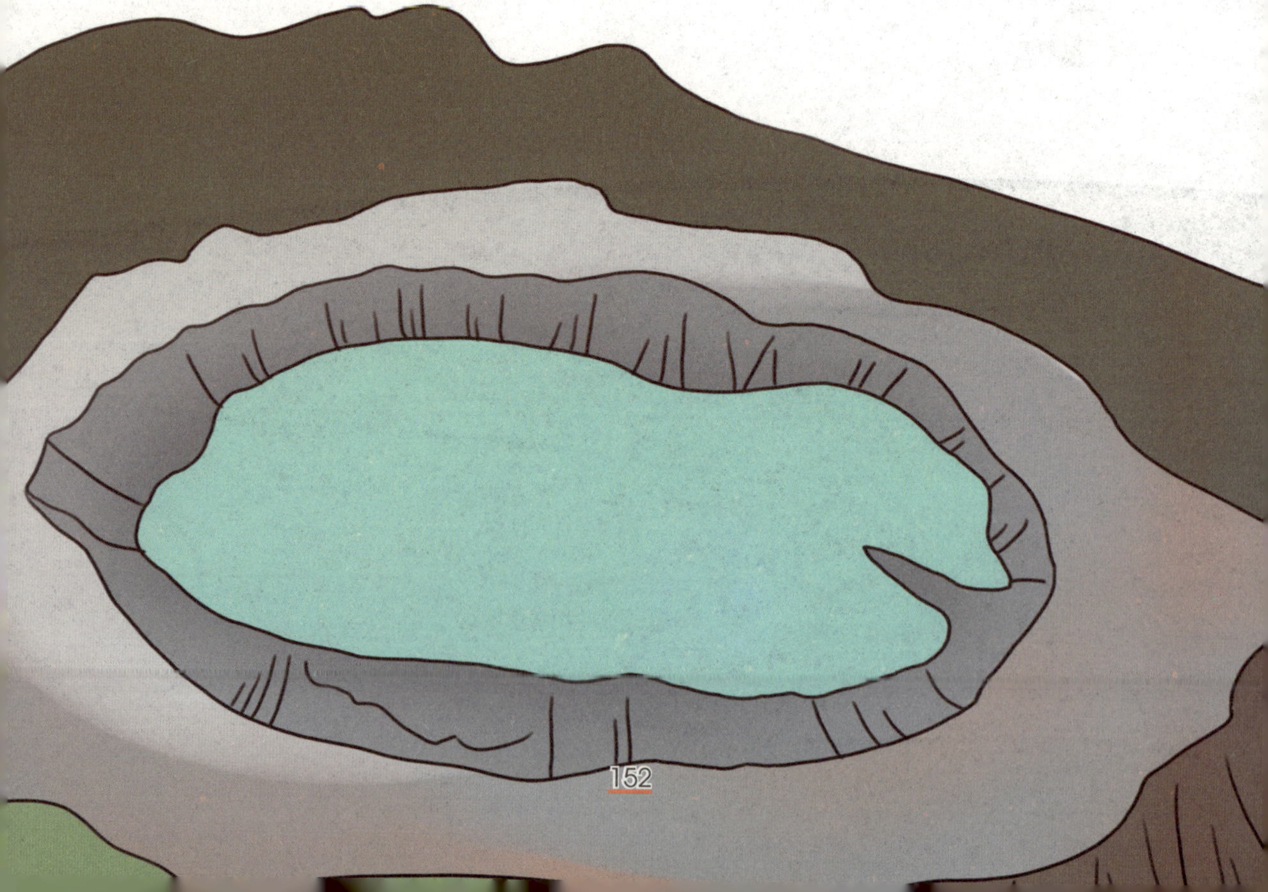

上面的湖水清澈透亮，环抱于各种绿色植物之中。下面的湖水有大量火成岩物质，含酸量很高。由于火山的活动，湖中喷出一阵阵白色气体，发出巨大的沸腾声，接着掀起100多米高的巨大水柱，形成了世界上最大的间歇泉。随着气温变化和火山的活动，湖水颜色变幻不定，有时呈蓝色，有时呈灰色。

博阿斯火山于1910年首次爆发，1952~1954年，又间歇地喷发数次。博阿斯火山现已建成公园，命名为博阿斯火山公园。

卢旺达火山公园

在遥远的地质年代里，美丽的非洲大草原曾经有过强烈的火山活动。现在的卢旺达自然保护区，就有许多沉寂的死火山，在那里默默无闻地留下它们早已熄灭了的火山口。这些火山已经被原始森林所覆盖，但是，火山口里孕育的珍稀动物又使它有了另一种的辉煌。

卢旺达自然保护区又名卢旺达火山公园，位于该国的西北地区，面积约140平方千米。

这里地处热带，降水量丰富，山地发育有大片原始森林，并有众多的热带动物，大象、白犀牛、河马、野牛、狒狒、猩猩等。其中，山猩猩是该公园内保存的濒临灭绝的珍稀动物。山猩猩性情温顺，游人在向导的陪同下，可与它们握手。但现今仅存170多只。因为有了珍稀的山猩猩，这座火山公园就更加著名了。